# 林业和草原行政案件
# 典型案例评析

国家林业和草原局林业工作站管理总站　编著
国家林业和草原局森林资源行政案件稽查办公室

中国林业出版社
·北京·

## 图书在版编目(CIP)数据

林业和草原行政案件典型案例评析/国家林业和草原局林业工作站管理总站,国家林业和草原局森林资源行政案件稽查办公室编著. —北京:中国林业出版社,2021.6(2023.12重印)

ISBN 978-7-5219-1146-6

Ⅰ.①林… Ⅱ.①国…②国… Ⅲ.①森林法-行政执法-案例-分析-中国②草原法-行政执法-案例-分析-中国 Ⅳ.①D922.635②D922.645

中国版本图书馆 CIP 数据核字(2021)第 084430 号

策　　划:温　晋
责任编辑:于界芬　于晓文　　　　电　　话:(010)83143542

出版发行:中国林业出版社有限公司(100009 北京西城区刘海胡同 7 号)
网　　站:http://www.forestry.gov.cn/lycb.html
印　　刷:河北京平诚乾印刷有限公司
版　　次:2021 年 6 月第 1 版
印　　次:2023 年 12 月第 3 次
开　　本:1/32
印　　张:8
字　　数:211 千字
定　　价:58.00 元

## 编审委员会

**主 任**：潘世学
**副主任**：李淑新　丁晓华　周　洪　曹国强
**成　员**：汶　哲　艾　畅　吕　振　段秀廷
　　　　　施　海　齐　军　崔国君　郑文全
　　　　　王　坚　谢永辉　姜维军　吴广超
　　　　　陈华新　王长利　韩祥泉　胡长水
　　　　　纪旭华　申富勇　王草草　黄锡良
　　　　　杨世农　龙　耀　曾　文　罗　伟
　　　　　杨声利　罗彦平　胡　觉　程林波
　　　　　程明普　班　奇　张　凯　张小哲

## 编写组

**主　编**：周　洪　李媛辉　周训芳
**副主编**：许再荣　诸　江　赵文清
**编　委**：宋　涛　石祖鹏　马　波　曹　墩
　　　　　孙　浩　韩党悦　吴　迪　樊国英
　　　　　张　璐　钟红武　郑绚文　张　宁
　　　　　钟　显　向　鹏　贺志辉　蒋文清
　　　　　许　明　周润邦　蔡　朕　姜建军
　　　　　王清丽　魏安超　杨发业　魏　华
　　　　　刘瑞婷　窦俊驿　郑嫿予

# 前　言

为规范全国林业和草原行政案件统计分析工作，满足基层案件统计分析人员培训的需求，提升林草行政案件管理能力和水平，国家林业和草原局森林资源行政案件稽查办公室组织编写了《林业和草原行政案件典型案例评析》一书，以案说法、以事明理，通过具体案例使法律条款和案件类型变得更加生动具体，以期成为案件统计分析人员的鲜活教材。

本书典型案例以林业和草原的相关法律、法规为依据，主要涉及森林法、草原法、野生动物保护法、防沙治沙法、种子法、森林法实施条例、自然保护区条例、风景名胜区条例、森林防火条例、草原防火条例、森林病虫害防治条例、植物检疫条例、植物新品种保护条例、野生植物保护条例和退耕还林条例等15部法律、条例，并在此基础上按照《林业和草原行政案件类型规定》进行体例编排，充分体现了林业和草原行政执法职能的融合。典型案例内容以行政处罚案例为主，个别案例涉及行政强制、行政复议和行政诉讼。本书以问题为导向，紧紧围绕林草行政执法中的热点、难点和疑点问题，精心选取实际发生且已由地方林草主管部门和相关机构办结的130多个典型案例进行了深入评析。案例尊重并真实反映了行政执法实际，紧扣林业和草原相关法律、行政法规、部门规章及有关地方性法规规章的具体条款。每个案例由基本案情、处理意见、案件评析、观点概括四部分组成，侧重一个知识点展开论述，介绍了案件处理的不同意见与结果，分析了案件适用的法律法规依据、违法行为的基本特点和构成。本书既有普通案件，也有疑难案件和特色案件，兼顾知识性、规范性、导向性、实用性和可操作性，对案件统计分析工作具有规范指导意义。同时，对基层行政执法和普及林草法律常识也具有一定参考作用。

为体现时效性，典型案例分析结合 2020 年 7 月 1 日施行的新森林法和 2021 年 7 月 15 日即将施行的新行政处罚法进行了法律条文对比，既能体现林业和草原行政执法工作的发展脉络，又能反映立法和执法的新情况和新趋势。

本书在编写过程中得到了国家林业和草原局办公室、森林资源管理司和部分省级林业和草原主管部门的有关专家、领导的大力支持，在此一并表示衷心的感谢！由于时间仓促、水平有限，书中难免有一些疏漏或不当之处，敬请广大读者批评指正。

编　者

2021 年 5 月

# 目 录

前 言

## 第一章 盗伐林木案件 ······ 1

1. 擅自采伐国家所有的枯死木并据为己有如何处理 ······ 2
2. 擅自处理风吹倒的村集体树木如何处理 ······ 3
3. 擅自采伐村集体所有的死树如何处理 ······ 5
4. 擅自采伐本人承包经营山场的树木如何处理 ······ 7
5. 在采伐许可证规定的地点以外采伐他人所有的林木如何处理 ······ 9
6. 非法采伐人工培育的植物如何处理 ······ 11
7. 多人盗伐林木的行政违法行为如何处罚 ······ 13
8. 违规砍剪输电线路下的树木如何定性 ······ 15
9. 如何区分毁林与盗伐林木行为 ······ 16

## 第二章 滥伐林木案件 ······ 19

1. 无证采伐造成的滥伐林木案件如何确定责任方 ······ 20
2. 个人未经审批采伐自家死树如何处理 ······ 22
3. 超过采伐许可证规定的期限采伐林木是否合法 ······ 23
4. 超过采伐许可证规定的采伐期限采伐林木如何处理 ······ 25
5. 超过采伐许可证划定的范围砍伐树木如何处理 ······ 27
6. 采伐林木超过审批的蓄积量应如何处理 ······ 28
7. 超出林木采伐许可证核准的树种采伐其他林木是否应按滥伐林木处理 ······ 30
8. 没有按照林木采伐许可证规定的树种进行采伐如何处理 ······ 31
9. 采伐经济林是否需要办理采伐许可证 ······ 32

10. 擅自采挖林木及毁坏林木如何区分处理 …………………… 34
11. 如何确定滥伐林木案件中的违法主体 ……………………… 35
12. 多人滥伐林木应如何划分法律责任 ………………………… 37
13. 如何区分盗伐林木与滥伐林木行为 ………………………… 40
14. 滥伐林木案件中滥伐林木数量和林木价值如何计算 ……… 41
15. 检察机关不予起诉的滥伐林木行为应如何处理 …………… 42
16. 采伐有争议的林地上树木应如何处理 ……………………… 44
17. 村民采伐基本农田林木应该如何处理 ……………………… 46

## 第三章　毁坏林木、林地案件 …………………………………… 48

1. 毁林造林的违法行为应如何处罚 …………………………… 49
2. 擅自在内河大堤支埂施工采伐林木应如何处理 …………… 51
3. 以管理为目的的修枝行为造成林木破坏如何定性 ………… 52
4. 未经批准为放线测量修路砍伐林木如何定性 ……………… 54
5. 剥皮致树木死亡如何处理 …………………………………… 55
6. 电力公司未办理林木采伐许可手续砍伐毁坏林木是否构成毁坏林木行为
   ……………………………………………………………… 56
7. 如何界定盗伐林木和毁坏林木 ……………………………… 59
8. 开垦火烧迹地种植中药材应如何处理 ……………………… 60
9. 擅自开垦林地并非法毁坏该林地上的林木如何处理 ……… 62
10. 违法开垦林地两年以后被发现应如何处理 ………………… 64
11. 在本人承包林地上种植三七应该如何定性 ………………… 65
12. 非法取土致林地破坏如何处理 ……………………………… 67
13. 河道采沙致使林地植被毁坏如何处理 ……………………… 68
14. 如何区分擅自开垦林地与擅自改变林地用途 ……………… 70
15. 个人所有的树木被剥树皮，尚未致树木死亡的情形如何处理 … 72

## 第四章　违法使用林地案件 ………………………………………… 74

1. 经村委会同意占用林地修建村生活垃圾回收点是否构成擅自改变林地用途 ……………………………………………………………… 75

目录

2. 盖山弃土堆放在矿区红线内未办理林地使用手续的林地上该如何处理 …… 76
3. 因工程建设在林地上倾倒大量弃土应如何定性 …… 77
4. 多人未经审核同意擅自改变林地用途如何处罚 …… 79
5. 未经批准在林地上毁林采矿的行为如何处理 …… 81
6. 擅自改变林地用途并非法采伐该林地上的林木应如何处理 …… 85
7. 既有擅自改变林地用途又有砍伐林木行为应如何处理 …… 87
8. 擅自改变林地用途和放牧毁坏林木如何处理 …… 89
9. 林地出租人是否应当与实施建设行为的承租人共同承担法律责任 …… 90
10. 在原被他人堆放生活垃圾的林地上另倾倒淤泥应如何处理 …… 92
11. "林地一张图"上的面积与林权证的面积不一致如何处理 …… 94
12. 擅自改变林地用途两年后被发现应如何处理 …… 95
13. 如何理解非法占用林地违法行为连续或者继续状态 …… 97
14. 临时占用林地逾期不还该如何处理 …… 98
15. 当事人在法定期限内不履行恢复林地原状义务的应如何处理 …… 99
16. 擅自改变林地用途案的行为人未恢复原状该如何处理 …… 101

## 第五章 非法收购、加工、运输木材案件 …… 103

1. 收购非法来源树木的违法行为应如何处理 …… 104
2. 收购无证林木和滥伐林木分别处罚是否违反一事不再罚原则 …… 105

## 第六章 违反草原法规案件 …… 107

1. 非法转让草原违法所得的计算方式 …… 108
2. 非法使用草原扩建公路应如何处罚 …… 109
3. 未经批准临时占用草原作为建设工程的辅助用地应如何处理 …… 109
4. 建工程搅拌站未经批准临时占用草原应如何处理 …… 110
5. 非法使用草原建临时看护板房应如何处理 …… 111
6. 非法占用草原211亩是否涉嫌刑事犯罪 …… 113
7. 未经批准修建设施开展旅游接待应如何处理 …… 114

8. 在草原上种植经济林木是否属于非法开垦 …… 116
9. 对公安机关不予立案的非法开垦草原案应如何处理 …… 117
10. 撂荒的已垦草地重新种植是否构成非法开垦草原 …… 118
11. 法律和地方性法规对于非法开垦草原法律责任不一致应如何适用 …… 120
12. 开垦草原改种牧草的行为应如何认定 …… 121
13. 非法收购虫蛹能否按破坏草原植被活动处理 …… 122
14. 对草原地类属性已经发生改变的案件如何处理 …… 124
15. 机动车非法碾压草原应如何处理 …… 125

## 第七章 违反野生动物保护法规案件 …… 127

1. 禁猎期内使用弩捕猎野生动物应如何定性 …… 128
2. 没有狩猎证使用捕鸟网捕猎野生动物应如何定性 …… 129
3. 非法狩猎野生动物并出售应如何处理 …… 130
4. 非法捡拾鸟蛋的行为如何定性 …… 132
5. 在禁猎期使用禁用的工具狩猎如何定性 …… 133
6. 省级林业部门划定的禁猎区禁猎期在市(县)级是否适用 …… 135
7. 未取得狩猎证在禁猎区、禁猎期狩猎野生动物如何定性 …… 137
8. 未取得狩猎证网捕野生动物应如何处理 …… 139
9. 在野外捡拾到野生动物出售如何定性 …… 141
10. 未取得猎捕证猎捕非国家重点保护野生动物如何定性 …… 142
11. 非法人工繁育国家重点保护野生动物的行为如何界定 …… 144
12. 非法猎捕非国家重点保护野生动物后驯养如何定性 …… 145
13. 擅自收购野生动物应如何处理 …… 147
14. 非法收购野生动物制品应如何处理 …… 149
15. 在不知情状况下非法收购、驯养国家重点保护野生动物应如何定性 …… 151
16. 在饭店查获的无合法来源证明的野生动物制品价值如何认定 …… 153
17. 出售非国家重点保护野生动物未提供合法来源证明如何定性 …… 154
18. 未持有合法来源证明出售非国家重点保护野生动物案件中野生动物

价值如何认定 ·········································· 156
　19. 未取得狩猎证猎捕非国家重点保护野生动物的行为应如何处理 ···
　　　············································································ 158
　20. 违法猎捕、出售保护野生动物应如何定性处罚 ············ 160
　21. 猎捕在野外环境自然生长繁殖的陆生野生动物应如何定性 ····· 163

## 第八章　违反防沙治沙法规案件 ························· 166

　1. 在沙化土地封禁保护区放牧应如何处罚 ···················· 167

## 第九章　违反森林、草原防火法规案件 ············· 169

　1. 上坟烧纸引发山火应如何处理 ································ 170
　2. 擅自在森林防火期、森林防火区内燃放烟花爆竹应如何定性 ··· 171
　3. 森林防火区施工机械打火引发森林火灾应如何处理 ······ 173
　4. 在森林防火区内上坟烧纸的行为是否违反治安管理处罚法 ··· 175
　5. 擅自在森林防火区内农事用火应如何定性 ················· 177
　6. 在山场上坟放鞭炮、烧纸钱引发火烧山应如何处理 ······ 178
　7. 在位于森林防火区内的车辆中使用打火机应如何处理 ··· 180
　8. 森林防火期内在自家退耕地清理焚烧杂草树叶应如何处理 ··· 181
　9. 森林火灾案件中失火罪应如何界定 ·························· 183
　10. 擅自野外用火造成林木损毁的如何处理 ····················· 185

## 第十章　违反林业有害生物防治检疫法规案件 ······· 187

　1. 未依法办理植物检疫证书调运活立木如何处理 ············ 188
　2. 未依法办理植物检疫证书调运苗木违法主体如何确认 ··· 190
　3. 弄虚作假报检森林植物及其产品如何处理 ················· 191
　4. 非法调运应施检疫的森林植物产品法条竞合的处理原则 ··· 193
　5. 在本市调运苗木未办理植物检疫证书应如何定性 ········· 195
　6. 绿化施工单位使用伪造的植物检疫证书应如何处理 ······ 197
　7. 某乐园未依法隔离试种国外引种植物应如何处理 ········· 199
　8. 私自开拆摩托车木质包装是否可定性为擅自开拆行为 ··· 200

## 第十一章 违反林草种苗及植物新品种管理法规案件 ………… 203

1. 林木种子经营未取得林木种子生产经营许可证如何处理 ……… 204

## 第十二章 违反野生植物保护管理法规案件 ………………… 206

1. 非法出售国家二级保护野生植物应如何定性……………………… 207

## 第十三章 违反自然保护地管理法规案件 …………………… 210

1. 非法穿越自然保护区应如何处理 ………………………………… 211
2. 违法进入自然保护区核心区捕捞应如何处理…………………… 212
3. 在自然保护区进行采药活动应如何处理 ………………………… 213
4. 在自然保护区内非法放牧应如何处理 …………………………… 215
5. 在自然保护区内集体土地上挖沙如何处罚 ……………………… 216
6. 擅自进入自然保护区种茶应如何处理 …………………………… 218
7. 采挖生长于自然保护区内林地上的野菜应如何处理 …………… 220
8. 非法开垦自然保护区湿地的行为应如何定性…………………… 222
9. 擅自对风景名胜区内房屋进行改建应如何定性处理 …………… 223

## 第十四章 其他林业和草原行政案件 ………………………… 226

1. 采伐林木的个人未按照规定完成更新造林任务应如何处理 …… 227

## 第十五章 行政复议、行政诉讼案件 ………………………… 230

1. 不符合林业行政处罚立案要求的案件应如何处理 ……………… 231
2. 同一林地经处罚程序后符合条件的是否可以办理占用林地审批 ……
   ………………………………………………………………………… 232
3. 为防止野猪啃食安装猎夹被处罚提出行政复议如何处理 ……… 234
4. 人民法院对林业主管部门申请强制执行的案件如何处理 ……… 236
5. 人民法院对当事人提起诉讼的擅自改变林地案件如何审查 …… 238
6. 设施农用地占用林地是否应当给予行政处罚 …………………… 242

## 第一章

# 盗伐林木案件

# 1 擅自采伐国家所有的枯死木并据为己有如何处理

**【基本案情】** 2020年7月,村民耿某未经林业主管部门批准,驾驶三轮车,使用油锯在某林业局某管护所施业区70林班4小班内采伐落叶松树(枯死木)3株,用做烧柴,经查,3株落叶松树枯死木立木蓄积量为0.64立方米。

**【处理意见】** 本案存在两种不同意见:

第一种意见认为,耿某采伐的是枯死木,不应列入森林采伐限额,但其采伐的林木位于国有林区范围内,该树木属于国家所有,耿某采伐林木的行为仅侵犯了国家对林木的所有权,并未侵犯国家对森林资源的管理活动,故耿某的行为不属于盗伐林木,应按照盗窃适用《中华人民共和国治安管理处罚法》(以下简称《治安管理处罚法》)处理。

第二种意见认为,新《中华人民共和国森林法》①(以下简称《森林法》)规定,"除农村居民采伐自留地和房前屋后个人所有的零星林木外,凡采伐林木必须申请林木采伐许可证",虽然耿某采伐的是枯死木,仍应申请林木采伐许可证,其在未申请林木采伐许可证的情况下,擅自采伐林木并据为己有,已经构成盗伐林木,应当按照盗伐林木行为给予行政处罚。

某森林公安局采纳了第二种意见。

**【案件评析】** 第二种意见是正确的。

盗伐林木行为具有以下四个特征:①在客体上,该行为侵犯的是国家的森林资源保护管理制度和国家、集体和他人的林木所有权。根据新修订的《森林法》规定,除了采伐自然保护区以外的竹

---

① 原《森林法》是指1984年9月20日通过,1985年1月1日起实施,1998年、2009年两次修正的《森林法》;新《森林法》是指原《森林法》进行修订,于2019年12月28日通过,2020年7月1日起实施的《森林法》。

林、农村居民采伐自留地和房前屋后个人所有的零星林木外，采伐林地上的林木必须申请林木采伐许可证，按采伐许可证的规定进行采伐。同时规定，森林、林木所有者的合法权益受法律保护，任何组织和个人不得侵犯。②在客观方面实施了盗伐林木的行为。③在主观方面表现为故意，即明知林木不归本人或者本单位所有，而以非法占有为目的，故意采伐。④在主体上是一般主体，即年满 14 周岁具有责任能力的公民、法人或者其他组织都能成为本违法行为的主体。

本案中，耿某明知采伐的落叶松树枯死木是国家所有的林木，擅自砍伐了属于国家所有的 3 株落叶松树枯死木，准备用做烧材，主观上具有非法占有公私财物的目的，客观上实施了未经林业主管部门审批的擅自采伐林木行为，其行为侵犯了国家对该林木的所有权和国家对林木采伐的管理制度双重客体。因未达到最高人民检察院、公安部《关于公安机关管辖的刑事案件立案追诉标准的规定（一）》（公通字〔2008〕36 号）中"盗伐二至五立方米以上的"规定，因此耿某的行为构成了盗伐林木的行政违法行为。

【观点概括】除采伐自然保护区以外的竹林、农村居民采伐自留地和房前屋后个人所有的零星林木外，凡采伐林地上的林木，包括采伐火烧枯死木等因自然灾害毁损的林木，都必须申请采伐许可证，按采伐许可证的规定进行采伐。根据《森林法》规定，以非法占有为目的，擅自采伐林地上国家、集体、他人所有的林木，构成盗伐林木行为。

## 2 擅自处理风吹倒的村集体树木如何处理

【基本案情】2018 年 8 月 13 日上午，村民李某把卸甲庄村东公益林山上的树拉回自己家里。经查，山是村集体所有，2017 年夏天，因为刮大风，山上 2 棵洋槐树被刮倒了，正好倒在了李某家种的花生地里，因影响花生生长、干活碍手，李某就把这2棵洋槐树锯掉拉回家，经勘查，这2棵洋槐树合计立木材积为0.2立方米。

【处理意见】本案处理中，存在以下两种不同意见：

第一种意见认为，李某锯掉的是风刮倒的树，因影响自家花生生长、干活碍手，不能构成盗伐林木的行为，让李某把拉回家的树木交还给村集体，不再对其处罚。

第二种意见认为，李某的行为已经构成盗伐林木，应当按照盗伐林木行为给予行政处罚。

林业局采纳了第二种意见。

【案件评析】第二种意见是正确的。

无论依据2020年7月1日实施的新《森林法》还是原《森林法》，该案均构成盗伐林木行为。盗伐林木行为具有以下四个特征：

(1) 在客体上，该行为侵犯的是国家的森林资源保护管理制度和国家、集体和他人的林木所有权。根据新《森林法》规定，采伐自然保护区以外的竹林、农村居民采伐自留地和房前屋后个人所有的零星林木，不需要申请采伐许可证；采伐林地上的林木应当申请采伐许可证，按采伐许可证的规定进行采伐。同时规定，森林、林木所有者的合法权益受法律保护，任何组织和个人不得侵犯。

(2) 在客观方面实施了盗伐林木的行为，具体表现：①擅自采伐林地上国家、集体、他人所有或者他人承包经营管理的林木；②擅自采伐本单位或者本人承包经营管理但未取得林木所有权的林地上的林木；③在林木采伐许可证规定的地点以外采伐林地上国家、集体、他人所有或者他人承包经营管理的林木[1]。

(3) 在主观方面表现为故意，即明知林木不归本人或者本单位所有，而以非法占有为目的，故意采伐。

(4) 在主体上是一般主体，即年满14周岁具有责任能力的公

---

[1] 参见《国家林业和草原局关于印发修订后的<林业和草原行政案件类型规定>的通知》(林稽发〔2020〕118号)。

民、法人或者其他组织都能成为本违法行为的主体。

本案中,李某明知洋槐树是林地上村集体所有的林木,但以2棵洋槐树倒在了自家地里,影响花生生长、干活碍手为由,私自锯掉拉回家,主观上具有非法占有他人财物的目的,客观上实施了未经林业主管部门审批的擅自砍伐林木行为,其行为侵犯了村集体对该林木的所有权和国家对林木采伐的管理制度双重客体。因未达到最高人民检察院、公安部《关于公安机关管辖的刑事案件立案追诉标准的规定(一)》(公通字〔2008〕36号)中"盗伐二至五立方米以上的"规定,因此李某的行为构成了盗伐林木行政违法行为。

【观点概括】除采伐自然保护区以外的竹林、农村居民采伐自留地和房前屋后个人所有的零星林木外,凡采伐林地上的林木,包括采伐火烧枯死木等因自然灾害毁损的林木,都必须申请采伐许可证,并按照采伐许可证的规定进行采伐。违反《森林法》的规定,以非法占有为目的,擅自采伐林地上国家、集体、他人所有的林木,构成盗伐林木行为。

## 3 擅自采伐村集体所有的死树如何处理

【基本案情】村民何某在未办理林木采伐许可证的情况下,以清理死树为由,于2020年7月26日擅自将林地上3株村集体所有的枯死杨树砍伐,并运回其家中用于烧柴。经查,3株死杨树的立木蓄积量0.19立方米。

【处理意见】本案处理中,存在以下三种不同意见:

第一种意见认为,何某砍伐的是死树,没多大价值,且数量较少,不予立案。

第二种意见认为,何某的行为是清理死树,目的是怕死树被风吹倒砸伤行人,虽构成盗伐林木,但违法情形轻微,且出于好心,因此对其进行批评教育即可,不必进行处罚。

第三种意见认为,何某的行为已经构成盗伐林木,应当按照盗伐林木行为给予行政处罚。

林业局采纳了第三种意见。

**【案件评析】** 第三种意见是正确的。

盗伐林木行为具有以下四个特征:

(1)在客体上,该行为侵犯的是国家的森林资源保护管理制度和国家、集体和他人的林木所有权。根据新《森林法》规定,除了采伐自然保护区以外的竹林、农村居民采伐自留地和房前屋后个人所有的零星林木外,采伐林地上的林木必须申请林木采伐许可证,按采伐许可证的规定进行采伐。同时规定,森林和其他林木所有者的合法权益受法律保护,任何单位和个人不得侵犯。

(2)在客观方面实施了盗伐林木的行为。具体表现:①擅自采伐林地上国家、集体、他人所有或者他人承包经营管理的林木;②擅自采伐本单位或者本人承包经营管理但未取得林木所有权的林地上的林木;③在林木采伐许可证规定的地点以外采伐林地上国家、集体、他人所有或者他人承包经营管理的林木[①]。

(3)在主观方面表现为故意,即明知林木不归本人或者本单位所有,而以非法占有为目的,故意采伐。

(4)在主体上是一般主体,即年满14周岁具有责任能力的公民、法人或者其他组织都能成为本违法行为的主体。

本案中,何某明知杨树是林地上村集体所有的林木,但以清理死树为由,擅自砍伐了属于村集体所有的3棵死杨树,并运回家中准备用于烧柴,主观上具有非法占有他人财物的目的,客观上实施了未办理林木采伐许可证擅自砍伐林木的行为,其行为侵犯了集体对该林木的所有权和国家对林木采伐的管理制度双重客体。因未达到最高人民检察院、公安部《关于公安机关管辖的刑事案件立案追

---

① 参见《国家林业和草原局关于印发修订后的〈林业和草原行政案件类型规定〉的通知》(林稽发〔2020〕118号)。

诉标准的规定(一)》中"盗伐二至五立方米以上的"规定,因此何某的行为构成了盗伐林木行政违法行为。

【观点概括】除采伐自然保护区以外的竹林、农村居民采伐自留地和房前屋后个人所有的零星林木外,凡采伐林地上的林木,包括采伐火烧枯死木等因自然灾害毁损的林木,都必须申请采伐许可证,并按照林木采伐许可证的规定进行采伐。违反《森林法》的规定,以非法占有为目的,擅自砍伐国家和集体所有的林地上的森林或者其他林木,以及擅自砍伐他人所有的林地上林木,构成盗伐林木行为。

## 4 擅自采伐本人承包经营山场的树木如何处理

【基本案情】2020年7月24日,村民李某在自己承包经营的山场砍伐树木。经调查砍伐树木均为杨树共计16株,后经鉴定被伐16株杨树立木蓄积量为1.492立方米;经进一步调查:李某(乙方)于2009年签订了山场承包经营合同,明确规定山场所栽所有树木归村委会(甲方)所有。

【处理意见】本案处理中,存在两种不同意见:

第一种意见认为,李某于2009年承包山场,已栽植柏树和松树,因山上长有许多杨树,且生长状况不好,影响新栽树木成长,遂在未办林木采伐许可证的情况,通过间伐的方式砍伐杨树16株,并搬运回家中,因李某无证采伐的是自己承包山上的林木,故应当按照滥伐林木给予处罚。

第二种意见认为,李某与村委会在2009年承包合同中明确约定树木所有权归属村委会(甲方),如需采伐必须取得村委会(甲方)同意,李某私自砍伐树木并未通过甲方同意且未办理采伐许可证,李某将所伐树木交由被雇用人员自行处理,折抵工钱,属于变相非法占有,所以李某的行为构成盗伐林木的违法行为,应当按照盗伐林木给予处罚。

林业主管部门采纳了第二种意见。

**【案件评析】** 第二种意见是正确的。

盗伐林木行为具有以下四个特征：

（1）在客体上，该行为侵犯的是国家的森林资源保护管理制度和国家、集体和他人的林木所有权。根据新《森林法》规定，采伐自然保护区以外的竹林、农村居民采伐自留地和房前屋后个人所有的零星林木，不需要申请采伐许可证；采伐林地上的林木应当申请采伐许可证，按采伐许可证的规定进行采伐。同时规定，森林、林木所有者的合法权益受法律保护，任何组织和个人不得侵犯。

（2）在客观方面实施了盗伐林木的行为，具体表现：①擅自采伐林地上国家、集体、他人所有或者他人承包经营管理的林木；②擅自采伐本单位或者本人承包经营管理但未取得林木所有权的林地上的林木；③在林木采伐许可证规定的地点以外采伐林地上国家、集体、他人所有或者他人承包经营管理的林木[①]。

（3）在主观方面表现为故意，即明知林木不归本人或者本单位所有，而以非法占有为目的，故意采伐。

（4）在主体上是一般主体，即年满14周岁具有责任能力的公民、法人或者其他组织都能成为本违法行为的主体。

本案中李某明知杨树所有权不归自己所有，擅自实施了采伐行为，主观上具有非法占有他人财物的目的，客观上实施了未经林业主管部门审批的采伐林木行为，其行为侵犯了集体对该林木的所有权和国家对林木采伐的管理制度双重客体。此行为构成盗伐林木，应当适用新的《森林法》第七十六条第一款之规定，由县级以上人民政府林业主管部门责令限期在原地或者异地补种盗伐株数一倍以上五倍以下的树木，并处盗伐林木价值五倍以上十倍以下的罚款。

---

① 参见《国家林业和草原局关于印发修订后的<林业和草原行政案件类型规定>的通知》（林稽发〔2020〕118号）。

【观点概括】采伐林地上的林木应当申请采伐许可证,并按照采伐许可证的规定进行采伐。违反《森林法》的规定,以非法占有为目的,擅自采伐本单位或者本人承包经营管理但未取得林木所有权的林地上的林木构成盗伐林木行为。

## 5 在采伐许可证规定的地点以外采伐他人所有的林木如何处理

【基本案情】2019年2月,刘某依法取得县林业局批准的虾公寨山场林木采伐许可证,刘某在实施林木采伐过程中跨越了林木采伐许可证规定的界线,将相邻小班余某所有的马尾松一并采伐。经查,刘某越界采伐林木行为证据确凿,采伐马尾松23株、立木材积1.9097立方米,并将越界采伐的木材并入自己经批准采伐的木材一并销售,非法所得木材价款845元。

【处理意见】本案处理中,存在两种不同意见:

第一种意见认为,刘某越界采伐他人林木行为不是故意,并取得谅解,应认定滥伐林木行为。

第二种意见认为,应认定刘某越界采伐他人林木违反了原《森林法》第三十九条第一款之规定,构成盗伐林木行为。

县林业局采纳了第二种意见,鉴于刘某已经认识到自己的错误,主动联系林木所有者余某并给予了2000元的赔偿,取得其谅解,具有从轻处罚的情节。2019年3月4日,县林业局依法作出了责令补种10倍的树木、没收违法所得845元,并处以林木价值5倍的罚款的处罚决定。当事人刘某于次日缴纳了罚款,并书面承诺保证于2019年12月1日前合适的造林季节在原地补种盗伐林木10倍的树木230株,否则愿承担法律后果。

【案件评析】本案涉及森林林木保护管理规定,需要重点关注两个问题:

一是案件定性问题。当事人刘某所取得的林木采伐许可证,其采伐伐区四至界限规定清晰,伐区规划设计人员对采伐边界也进行了标记,作为实施采伐人刘某应当知道采伐范围,刘某所称不懂林业相关知识、无意中造成越界采伐林木的理由不能成立;刘某越界采伐林木行为事实清楚、证据充分,其行为已经侵犯了他人林地上林木所有权,并将木材一并销售获得利益,实际上形成非法占有,虽然在案发后积极赔偿当事人损失,取得当事人谅解,但没有改变侵权事实,也不改变案件性质。

二是处罚裁量问题。对破坏森林资源案件进行执法,其根本目的在于森林资源的恢复,从刘某盗伐林木且立木材积1.9097立方米的违法事实来看,按照某省林业行政处罚裁量规则和基准的有关规定,应当"从重"处罚。但从其主动签订了补种林木保证书、积极赔偿当事人损失取得当事人谅解的纠错行为来看,能够尽快恢复森林资源,受害人利益也获得了补偿,基本实现了执法目标,结合林业行政处罚裁量规则和基准的有关规定,可以从轻处罚。

**【观点概括】** 以获取木材为主要目的,在林木采伐许可证规定的地点以外采伐林地上国家、集体、他人所有或者他人承包经营管理的林木,具有故意采伐他人林木的情形,不仅违反了森林采伐管理规定,并且还侵犯了他人财产所有权,应当按盗伐林木行为论处。

**【特别说明】** 根据新修订的法律,需要说明的是:第一,2020年7月1日实施的新《森林法》第七十六条第一款规定"盗伐林木的,由县级以上人民政府林业主管部门责令限期在原地或者异地补种盗伐株数一倍以上五倍以下的树木,并处盗伐林木价值五倍以上十倍以下的罚款。"该款将原《森林法》第三十九条第一款"补种树木数量的绝对值10倍"修改为"区间数量1倍以上5倍以下",同时,提高了罚款的倍数下限,罚款数额由盗伐林木价值的"3倍以上10倍以下"修改为"5倍以上10倍以下"。第二,新《森林法》第七十六条第一款删去了"没收盗伐的林木或者变卖所得"的规定。在实践中,盗伐案件是有被害方的，其财产权益受到损害，如有查获盗伐的林木或者变卖所得，应当在第一时间返还给被害人，如果对盗伐的林木或者变卖所得进行没收，不利于保护被害人的合法权益。① 同时，2021年7月15日实施的新《中华人民共和国行政处罚法》（以下简称《行政处罚法》）第二十八条第二款规定"当事人有违法所得，除依法应当退赔的外，应当予以没收。"明确没收违法所得的范围不包括依法应当退赔的部分，有利于受害人的权益保障。依据新《行政处罚法》分析本案，如果违法所得845元是林木变卖款，应当退回被害方。鉴于本案在处罚决定作出前被处罚人已经给予了受害人2000元的赔偿，845元违法所得应当没收。

## 6 非法采伐人工培育的植物如何处理

**【基本案情】** 2019年下半年至2020年2月1日期间，凌某在陶村村水库山山场上的红豆杉林中未经权属人的同意在权属人（山场看管人）不知情（不在场）的情况下，以拣枯死木的名义，采用弯把锯伐倒或直接徒手扳倒的方式，多次将其认为枯死的红豆杉伐倒或扳倒，然后将其驮运回家中，堆放在其住宅内、外围墙沿处。该山场系由毛某承包经营，于2000年种植红豆杉幼苗，系为红豆杉幼龄林（幼树）。经鉴定，盗伐的红豆杉共32株，计立木材积0.2215立方米。其中，带根枯死红豆杉6株，计立木材积0.101立方米，其余红豆杉26株，计立木材积0.1205立方米；价值计370元。

**【处理意见】** 县林业局在处理该案件时，有两种意见：

第一种意见认为，根据《国家重点保护野生植物名录（第一批）》（国家林业局、农业部令第4号），红豆杉属所有种的保护级

---

① 王瑞贺，张富贵，李淑新. 中华人民共和国森林法释义[M]. 北京：中国民主法制出版社，2020：193.

别是国家一级，应当按照《中华人民共和国刑法》（以下简称《刑法》）第三百四十四条"违反国家规定，非法采伐、毁坏珍贵树木或者国家重点保护的其他植物的，或者非法收购、运输、加工、出售珍贵树木或者国家重点保护的其他植物及其制品的，处三年以下有期徒刑、拘役或者管制，并处罚金；情节严重的，处三年以上七年以下有期徒刑，并处罚金"的规定移交公安机关，依法追究刑事责任。

第二种意见认为，本案中所涉及的树木，为南方红豆杉，是受害方购买树苗种植的，其属性为人工繁育种植成长起来的树木，而非野外生长的树木，即不属于原生地天然生长的树木，所以，对其管理应当按一般树木等同管理，不适宜按国家重点保护野生植物来管理。

县林业局采纳了第二种意见，根据《中华人民共和国森林法实施条例》（以下简称《森林法实施条例》）第三十八条第二款的规定，对凌某作出了行政处罚：①责令补种盗伐株数10倍的树木，计320株；②没收盗伐的红豆杉32株；③处盗伐林木价值5倍的罚款。

**【案件评析】**县林业局的处理是正确的。

《最高人民法院、最高人民检察院关于适用〈中华人民共和国刑法〉第三百四十四条有关问题的批复》（法释〔2020〕2号）自2020年3月21日起施行，其中第二条规定：根据《中华人民共和国野生植物保护条例》的规定，野生植物限于原生地天然生长的植物。人工培育的植物，除古树名木外，不属于《刑法》第三百四十四条规定的"珍贵树木或者国家重点保护的其他植物"。

此案违法行为发生在2020年7月1日新《森林法》施行之前，应该按照《森林法实施条例》第三十八条第二款的规定"盗伐森林或者其他林木，以立木材积计算0.5立方米以上或者幼树20株以上的，由县级以上人民政府林业主管部门责令补种盗伐株数10倍的树木，没收盗伐的林木或者变卖所得，并处盗伐林木价值5倍至10倍的罚款"对凌某进行处罚。

【观点概括】野生植物是指原生地天然生长的珍贵植物和原生地天然生长并具有重要经济、科学研究、文化价值的濒危、稀有植物。人工培育的植物,除古树名木外,不属于《刑法》第三百四十四条规定的"珍贵树木或者国家重点保护的其他植物"。非法采伐他人人工培育的植物(古树名木除外),尚不够刑事处罚的情形,应以盗伐林木为由追究行为人相应的行政法律责任。

【特别说明】该案违法行为发生在新《森林法》实施之前,如果按照2020年7月1日实施的新《森林法》,对于该案的处理会有以下不同之处:第一,新《森林法》删去了"依法赔偿损失""没收盗伐的林木或者变卖所得"的规定。在实践中,盗伐案件是有被害方的,其财产权益受到损害,如有查获盗伐的林木或者变卖所得,应当在第一时间返还给被害人,如果对盗伐的林木或者变卖所得进行没收,则不利于保护被害人的合法权益。原《森林法》规定的"依法赔偿损失"不能替代原物返还,现实中行为人无力赔偿损失的情况也较为普遍,林木所有权人难以得到赔偿,将原物返还给林木所有权人,可以避免这一问题。二是新《森林法》考虑到补种是一种补救措施,法律还规定了对于盗伐林木的,应当并处罚款,罚款更体现对违法行为的处罚,因此,新《森林法》适当下调了补种的倍数,将补种数量绝对值十倍修改为区间数量一倍以上五倍以下。

## 7 多人盗伐林木的行政违法行为如何处罚

【基本案情】2020年2月18日,郑某英与其丈夫冉某光趁村民谭某乔迁,老家山林长时间无人管护之际,擅自将谭某山林中的马尾松砍伐一株,搬回家用于烧柴。同村村民冉某成、冉某秋得知郑某英砍树后,于次日同郑某英、冉某光四人一起再次到谭某山林中砍树,冉某成砍伐马尾松2株,冉某秋砍伐马尾松1株,郑某英、冉某光夫妇砍伐杉树1株,所砍木材均由各自搬运到各自家中自用。

**【处理意见】** 本案处理中，存在以下两种不同意见：

第一种意见认为，冉某成、冉某秋、郑某英、冉某光四人在未得到林木所有人许可的情况下，擅自将其山林中的树木砍伐占有，其行为构成了盗伐林木。并且2020年2月19日，四人一同上山，一同实施了盗伐行为，构成共同违法，所伐树木应该合并计算蓄积量，数量若达到刑事立案标准应移送公安机关处理，若达不到刑事立案标准，应按照盗伐行政违法的规定予以从重处罚。

第二种意见认为，冉某光和郑某英夫妇构成共同违法，冉某成、冉某秋、郑某英夫妇四人虽然一同上山砍伐同一片山林，但冉某成、冉某秋和郑某英夫妇之间，行为相互独立：各自使用各自的工具砍伐各自的树木，不存在明显的邀约、分工、配合、分赃的情况，故不能看成一个整体，应该对冉某成、冉某秋、郑某英夫妇各自的行为按照盗伐的规定，分别予以处理。

**【案件评析】** 第二种意见是正确的。本案案件的争议在于冉某秋、冉某成与郑某英夫妇三方之间是否属于共同违法，关于行政违法中共同违法的认定，《行政处罚法》中没有明确规定，仅根据第四条有关"公民、法人或者其他组织违反行政管理秩序的行为，应当给予行政处罚的，依照本法由法律、法规或者规章规定，并由行政机关依照本法规定的程序实施"的规定，公民、法人或其他组织都可以成为行政违法的主体。因此，两个以上的自然人共同实施违法的行为，应当构成共同违法。行政执法实践中，两人以上共同违法的行为区分，一般借鉴刑事法律的相关规定及其学理作为依据，应满足三个要求：

一是共同违法行为人主观上必须有共同的违法故意。共同违法行为人不仅认识到自己在故意实施违法行为，而且还认识到有其他共同违法行为人和他一起参加实施违法活动。

二是共同违法行为人在客观上必须有共同的违法行为。各共同违法行为人在实施违法活动时,尽管具体的分工、参加的程度、参与的时间等可能有所不同,但他们的行为都是为了达到同一违法目的,指向相同的目标,从而紧密相联,有机配合,各自的违法行为都是整个违法活动的组成部分。

三是违法行为侵害的必须是同一客体。即共同违法行为人的违法行为必须指向同一客体,这是共同违法的成立必须有共同的违法故意和共同的违法行为的必然要求。

本案中,冉某成、冉某秋、郑某英夫妇三方四人虽然一同上山砍伐同一片山林,但被砍伐的每一株树木都只被一个人或郑某英夫妇独立砍伐,各自占有,侵犯的客体不能看作同一客体,且冉某成、冉某秋和郑某英夫妇上山砍树不存在组织、邀约,使用的工具都为自己所有,互相之间也没有帮助、配合,各自的违法行为完成与否与他人无关联,故不能将冉某成、冉某秋和郑某英夫妇三方的砍树行为看成一个整体,他们不构成共同违法,应该分别处理。

**【观点概括】**林业行政处罚中关于共同违法的认定,可以借鉴刑事法律的相关规定及其学理,根据实际情况从三个方面综合分析:一是共同违法行为人主观上必须有共同的违法故意;二是共同违法行为人在客观上必须有共同的违法行为;三是违法行为侵害的必须是同一客体。

## 8 违规砍剪输电线路下的树木如何定性

**【基本案情】**2020年8月,某市村民张某在输电线路下砍剪作业时,违规将10千伏东郊线183-238号杆输电通道外的国有林地上林木22株砍伐,遗留路边打算运回家中用于烧火。经查,被砍伐林木为榆树、白桦、胡桃楸和杨树共计22株,立木蓄积量1.0257立方米,合原木材积0.62立方米。

**【处理意见】**本案处理中,存在以下两种不同意见:

第一种意见认为，张某受雇于农电所为其砍剪输电线路下的树木，依据《电力设施保护条例》第二十四条第二款"在依法划定的电力设施保护区内种植的或自然生长的可能危及电力设施安全的树木、竹子，电力企业应依法予以修剪或砍伐"的规定，不存在违法行为。

第二种意见认为，农电所雇张某砍剪的是输电线路下影响电力安全的树木，而张某已超出输电线路范围又砍伐22株国有林木，已构成盗伐林木，应当按照盗伐林木行为给予行政处罚。

【案件评析】第二种意见是正确的。

根据《森林法》规定，除了采伐自然保护区以外的竹林、农村居民采伐自留地和房前屋后个人所有的零星林木外，采伐林地上的林木应当申请采伐许可证，按照采伐许可证的规定进行采伐。本案中，张某在客观方面实施了盗伐林木的行为，在主观方面表现为故意，即明知其砍伐的22株林木超出砍剪范围，但以清理输电线路下树木为由，擅自砍伐国有林木22株，并打算烧火取暖用，主观上具有非法占有他人财物的目的，客观上实施了未经林业主管部门审批的擅自砍伐林木行为，其行为侵犯了国家对该林木的所有权和林木采伐的管理制度双重客体。因此张某的行为构成了盗伐林木的行政违法行为。

【观点概括】除采伐自然保护区以外的竹林、农村居民采伐自留地和房前屋后个人所有的零星林木外，凡采伐林地上的林木，都必须申请采伐许可证，并按照采伐许可证的规定进行采伐。违反《森林法》的规定，以非法占有为目的，擅自采伐林地上国家、集体、他人所有的林木，构成盗伐林木行为。

## 9 如何区分毁林与盗伐林木行为

【基本案情】鲍某承包村集体林地，地上有10株村集体所有的梨树由鲍某经营管理。同村村民王某为新建房屋居住,与鲍某签订了购买承包林地及梨树合同,约定将鲍某承包的林地及地上生长的其承包经营管理的 10 株梨树出售给王某。在未办理林木采伐许可证及未经村集体同意的情况下,王某雇佣收树人马某将 10 株梨树砍伐,弃于邻近的某省境内,砍伐后,将部分合同款支付给鲍某。

【处理意见】在本案的办理过程中,对王某雇佣马某砍伐树木的案件定性出现了两种不同意见:

第一种意见认为,因鲍某无权处置其承包经营管理的梨树,而作为同村村民王某在明知鲍某无林木所有权的情况下,与鲍某签订的买卖合同无效,因此,王某并未取得梨树的所有权,在未经该村村委会同意且未经行政许可的情况下,擅自处置不具所有权的林木,属于非法占有,应定性为盗伐林木行为。

第二种意见认为,王某虽未取得林木所有权,但已将被伐树木丢弃,并未非法占有,应定性为毁坏林木行为。

【案件评析】园林绿化行政主管部门认为第一种处理意见是正确的。

"盗伐林木"是指以非法占有为目的,违反森林法采伐管理制度,擅自采伐国家、集体或者他人所有的林木的行为。盗伐林木行为侵犯了林木所有权及林木采伐制度两个客体。客观要件表现:①擅自采伐林地上国家、集体、他人所有或者他人承包经营管理的林木;②擅自采伐本单位或者本人承包经营管理但未取得林木所有权的林木上的林木;③在林木采伐许可证规定的地点以外采伐林地上国家、集体、他人所有或者他人承包经营管理的林木[①]。主观上只能出于故意,表现为行为人明知被采伐的林木属于国家、集体或者他人所有,而故意实施盗伐林木的行为,这里的明知不要求确切知道所有权者具体是谁,只要行为人明知被采伐的林木不属于自己

---

① 参见《国家林业和草原局关于印发修订后的〈林业和草原行政案件类型规定〉的通知》(林稽发〔2020〕118 号)。

即可。

关于毁坏林木，客观要件表现：①违法开垦林地、采石、采砂、采土或者其他活动，造成林木毁坏的行为；②在幼林地砍柴、毁苗、放牧，造成林木毁坏的行为。

本案中，王某的行为并非是在进行开垦、采石、采砂等活动过程中导致林木受到毁坏的行为，而是在未取得采伐许可证的情形下，直接针对林木实施的行为。王某以建房居住为由，在未经行政许可且未经林木所有权人村委会同意的情况下，擅自砍伐并处置无所有权的树木，属于非法占有，其行为已构成盗伐林木。应当根据新《森林法》第五十六条的规定，适用新《森林法》第七十六条给予处罚。

**【观点概括】** 未经行政许可且未经林木所有权人同意，擅自处置不具备林木所有权的林木，应为非法占有，至于行为人的动机是为了转卖营利、进行个人生产经营或生活需要，还是为了帮助他人或是转送他人，都不影响盗伐林木行为的定性。

# 第二章

# 滥伐林木案件

# 1 无证采伐造成的滥伐林木案件如何确定责任方

**【基本案情】** 2018年5月2日，某市周村区王村镇北河东村村民李某生在未办理林木采伐许可证的情况下，将购买的临池镇东台村村民李某瑶位于村东南凤凰山山北脚下的10株杨树采伐。

**【处理意见】** 本案处理中，存在以下两种不同意见：

第一种意见认为，在未办理采伐许可证的情况下，买树方李某生将所购买的李某瑶的树木进行采伐，虽然李某瑶认为办理林木采伐许可证约定俗成由买树方（李某生）办理，但李某瑶作为林木所有权人，在未查明李某生是否真的办理了采伐许可证的情况下，任由其无证采伐，并且收受树款，因此买卖双方共同构成滥伐林木行为，应共同承担违法责任。

第二种意见认为，李某瑶将树卖给李某生是事实，双方虽未明确约定办理林木采伐许可证的责任，但在当地大多数情况下由买树方办理采伐许可证是约定俗成，且滥伐林木行为由买树方具体组织实施，因此在未办理采许可证的情况下滥伐林木，只应当追究李某生的滥伐林木责任，对李某瑶不追究责任。

某市森林公安局采纳了第二种意见。根据《森林法》第三十九条第二款之规定，对李某生处以：

（1）责令补种滥伐林木（10株）5倍的林木，共计50株。

（2）处滥伐林木价值（300元）2倍罚款，共计600元整。

**【案件评析】** 某市森林公安局的处理是正确的。

买卖活立木进行采伐的，法律、法规和规章并未规定买卖双方谁是采伐申请人，由谁申请采伐许可证尚处于法律空白状态。在滥伐林木案件中，对林木所有权进行转让或出卖的情况比较普遍，通常情况下会出现三类不同情况：第一类情况，林木所有权人将林木转让或出卖给受让人后，双方约定好采伐许可证由受让人办理，这是一种林权转让行为,即所有权人将林木所有权及经营权整体出卖给受让人,受让人未经批准擅自采伐林木应当承担滥伐林木的责任,原林木所有权人不应承担责任;第二类情况,所有权人和受让人约定由所有权人负责办理采伐许可证,受让人负责采伐林木。所有权人和受让人在未取得采伐许可证的情况下,仍然约定采伐林木,若受让人明知未取得采伐许可证而采伐林木,则构成双方共同滥伐林木,若受让人是在所有权人隐瞒和欺骗的情况下采伐林木则所有权人单独构成滥伐林木;第三类情况,所有权人和受让人未事先约定办理采伐许可证的相关事宜,在所有权人将林木卖给受让人后,双方都未办理采伐许可证的情况下滥伐林木,则要根据案件中各当事人是否知情等具体情况追究所有权人和受让人各自相应的责任。

在滥伐林木案件中具体应由哪方负违法责任,要具体情况具体分析。本案中双方虽未明确约定林木采伐许可证由李某生办理,但李某瑶将树卖给李某生属实,形成了有效的林权转让,李某生已享有了该林木的所有权和经营权,且按当地行规由买树方负责办理采伐许可证是约定俗成,同时滥伐林木行为由买树方李某生具体组织实施,因此在未办理采伐许可证的情况下滥伐林木,只应当追究李某生的滥伐林木责任。李某生对处罚无异议,案件顺利结案。

【观点概括】对因树木买卖造成的滥伐林木案件,要仔细区分违法行为的成因,双方虽未明确约定办理林木采伐许可证的责任方,但如果当地约定俗成由受让人办理采伐许可证,且无证采伐林木行为由受让人具体组织实施,应当追究受让人的法律责任。

【特别说明】相比于原《森林法》,2020年7月1日实施的新《森林法》维持了对滥伐林木责令限期补种以及处以罚款的处理方式,同时作出了如下修改:一是明确了补种地点,可以在原地补种,也可以在异地补种。二是将滥伐林木的罚款由"并处"修改为"可以处",县级以上地方人民政府林业主管部门根据违法行为的性质、情节、危害等多种因素，可以对违法行为人处以罚款，也可以不处以罚款。三是罚款数额由滥伐林木价值的"2倍以上5倍以下"修改为"3倍以上5倍以下"。四是适当下调了补种的倍数，将补种数量的绝对倍数5倍修改为区间数量1倍以上3倍以下。

## 2 个人未经审批采伐自家死树如何处理

【基本案情】2020年11月，村民傅某的树木被大风刮折，傅某以清理死树为由，未经审批，擅自砍伐位于本村村南食品厂南侧林地上的自家树木，经执法人员勘察，树木共29棵，树种为杨树，立木材积9.792立方米。

【处理意见】本案处理中存在三种不同意见：

第一种意见认为，傅某砍伐的是死树，属于正常的林业生产管理行为，不应列入森林采伐限额，不需要办理采伐许可证，因此不属于违法行为。

第二种意见认为，傅某的行为是清理土地附着物，目的是便于管理其承包的土地，而不是为了恶意砍伐成年树木，不能构成滥伐林木。而且清理的是倒伏树木，目的是为了排除安全隐患，再继续更新树木，因此不能对傅某进行处罚，只能让傅某限期将树木进行补植。

第三种意见认为，傅某的行为已经构成了滥伐林木，应该按照滥伐林木行为给予行政处罚。

林业局采纳了第三种意见。

【案件评析】第三种意见是正确的。

虽然《森林法》没有对采伐死树作出明确规定，但规定的滥伐林木行为违反的是国家对森林保护的管理制度，依据《关于未申请林木采伐许可证采伐"火烧枯死木"行为定性的复函》（林函策字〔2003〕第15号）规定，"除农村居民采伐自留地和房前屋后个人所有零星林木外,凡采伐林木,包括采伐火烧枯死木等自然灾害毁损的林木,都必须申请林木采伐许可证,并按照林木采伐许可证的规定进行采伐。未申请林木采伐许可证而擅自采伐的,应当根据《森林法》《森林法实施条例》的有关规定,分别定性为盗伐或者滥伐林木行为。"

本案中,傅某以清理倒伏的死树为由,未经行政审批擅自砍伐了自己的29棵杨树,并将木材卖出,主观上具有明知不该砍伐,客观上实施了未经林业主管部门审批的擅自砍伐树木行为,其行为侵犯了国家保护森林资源的管理制度,故傅某的行为属于滥伐林木。

因未达到最高人民检察院、公安部关于印发《最高人民检察院、公安部关于公安机关管辖的刑事案件立案追诉标准的规定(一)》的通知(公通字〔2008〕36号)中"滥伐十至二十立方米以上的"规定,因此傅某的行为尚不构成滥伐林木罪,对此行为应当依照《森林法》第七十六条第二款规定,"滥伐林木的,由县级以上人民政府林业主管部门责令限期在原地或者异地补种滥伐株数一倍以上三倍以下的树木,可以处滥伐林木价值三倍以上五倍以下的罚款。"

【观点概括】采伐林地上林木(包括自然灾害毁损的林木)首先应当取得采伐许可证,其次应当按照采伐许可证的规定进行采伐。未经林业主管部门批准并核发采伐许可证,或者虽持有采伐许可证,但违反采伐许可证规定的时间、数量、树种或者方式,任意采伐本单位所有或本人所有林木的,构成滥伐林木行为。

## 3 超过采伐许可证规定的期限采伐林木是否合法

【基本案情】2020年7月26日,林业局接群众举报称有人在某区某镇某村无证采伐,接到举报后林业局执法人员迅速到达现场,经现场勘查:伐倒56棵杨树,总活立木蓄积量9.8356立方米。经调查，村民张某在林木采伐许可证过期的情况下，以有采伐许可证，为同一批树为由，继续采伐前期没有采伐完的56棵杨树。根据原《森林法》《森林法实施条例》规定，林业局以滥伐林木给予张某罚款9000元(树木价值的3倍)、责令补种树木168棵的处罚。

**【处理意见】** 本案处理中，存在两种不同意见：

第一种意见认为，张某因采伐工人不够，在没有认真查看采伐许可证信息的情况下，认为有采伐许可证，继续采伐前期受疫情等方面影响而没有采伐完的树木，属于同一批树木，这是正当的采伐行为，因此不属于违法行为。

第二种意见认为，张某没有在采伐许可证要求的期限内，采伐完所有树木，采伐许可证过期后，没有采伐完的树木，如继续采伐，则属于无证采伐，应当按照滥伐林木给予处罚。

**【案件评析】** 本案处理采纳了第二种意见。

本案争议的焦点是超过林木采伐许可证规定的期限采伐林木是否合法的问题。新《森林法》规定："采伐林地上的林木应当申请采伐许可证，并按照采伐许可证的规定进行采伐"。这里所说的"规定"是指采伐许可证中所包含的全部规定内容，而不是部分规定内容。采伐许可证是进行林木采伐活动的合法凭证，行为人必须严格按照采伐许可证规定的时间、数量、树种和方式进行采伐作业，不得擅自变更。所以，超过林木采伐许可证规定的期限，又没有办理延期手续的，所持有的林木采伐许可证无效，所实施的采伐行为属于无证采伐行为。

本案中，张某虽持有采伐许可证，但是并不意味着能任何时候采伐林木，还得受时间和数量的限制。张某违反《森林法》的规定，未按照采伐许可证规定的时间采伐杨树56棵，活立木蓄积量9.8356立方米，构成滥伐林木行为。

**【观点概括】** 违反新《森林法》规定，虽持有采伐许可证，但违反采伐许可证规定的时间，任意采伐本单位所有或者本人所有的林地上的林木，属于滥伐林木行为。

## 4 超过采伐许可证规定的采伐期限采伐林木如何处理

**【基本案情】** 2016年11月，村民孙某某以4000元的价格购买了该村曹冲组王某家桃子洼、昌洼山场树木和程某家竹子洼山场的树木，并办理采伐许可证实施采伐作业，后因该组修建水泥道路，导致采伐作业耽搁，采伐许可证载明采伐期限至2016年12月31日。孙某于2017年2月18日左右，雇请小工将其购买山场剩余的树木砍伐。经现场勘查，孙某某在该三处山场滥伐林木共计31株。经鉴定，孙某某在竹子洼、桃子洼、昌洼山场滥伐的马尾松蓄积量2.6724立方米，折合材积1.5232立方米；阔叶树蓄积量0.531立方米，折合材积0.3026立方米；杉木蓄积量0.0938立方米，折合材积0.06立方米。综上，孙某某滥伐林木的总蓄积量3.2972立方米，折合材积1.8858立方米。滥伐林木价值948元。

**【处理意见】** 本案处理中，存在以下两种不同意见：

第一种意见认为，孙某某办理了林木采伐许可证，在持证采伐过程中因该村民组修建水泥道路，导致采伐作业被耽搁，致使至2016年12月31日的采伐期限超期，超期的责任不在孙某某，主观上没有故意，应当不予处罚。

第二种意见认为，采伐林木应当按照采伐许可证规定的时间、地点、树种、数量进行采伐，本案中孙某某办理了采伐许可证，在持证采伐过程中虽因该村民组修建水泥道路，导致采伐作业被耽搁，致使采伐超期限，孙某明知采伐已经超期，应当向林业主管部门申请延期采伐的报告，重新申请采伐许可进行采伐。孙某某在未办理延期采伐许可的情况下，擅自采伐属于违法，构成滥伐林木行为。因此，根据原《森林法》第三十九条第二款、《森林法实施条例》第三十九条第一款的规定，给予孙某某以下行政处罚：①责令补种滥伐株数五倍的树木计155株；②并处滥伐林木价值3倍的罚款计2844元。

林业局采纳了第二种意见。

**【案件评析】** 第二种意见是正确的。

滥伐林木主要具备以下四个特征：①在客体上，该行为侵犯的是国家林木采伐管理制度，根据原《森林法》第三十二条规定：采伐林木必须申请采伐许可证，按许可证的规定进行采伐；农村居民采伐自留地和房前屋后个人所有的零星林木除外。该案中，孙某某虽依法办理了林木采伐许可证，但在采伐许可证规定的期限未能完成采伐作业。②在客观方面实施了超期采伐行为。③在主观方面表现为故意，即明知采伐已经超期限，在没有向林业主管部门申请延期采伐的情况下，仍采取超期采伐的行为。④在主体上是一般主体，即年满14周岁具有责任能力的公民、法人或者其他组织都能成为本违法行为的主体。

本案中，孙某某明知采伐已经超期限，在没有向林业主管部门申请延期采伐的情况下采伐树木，其行为侵犯了国家的林木采伐管理制度，属于滥伐违法行为，应予林业行政处罚。

**【观点概括】** 在采伐许可证规定的期限内未能完成采伐作业，超期限采伐，属于滥伐林木行为，应予行政处罚。

**【特别说明】** 本案按照原《森林法》实施的处罚，按照2020年7月1日实施的新《森林法》，对滥伐林木行为适用以下行政处罚：责令违法行为人在原地或者异地补种滥伐株数1倍以上3倍以下的树木，可以处滥伐林木价值3倍以上5倍以下的罚款。新《森林法》关于对滥伐林木责令补种树木的处罚，与原《森林法》相比是减轻了，由"补种5倍的树木"降低到"补种1倍以上3倍以下的树木"；关于罚款与原《森林法》相比，虽然提高了最低处罚幅度（上限5倍不变），由林木价值2倍的罚款提高到3倍，但是罚款由"并处"修改为"可以处",降低了处罚标准。

## 5 超过采伐许可证划定的范围砍伐树木如何处理

【基本案情】2018年12月,某市天桥区大桥街道办事处某村村民田某某办理了林木采伐许可证,该采伐许可证划定的范围在黄河大坝南,但田某某心存侥幸,将自己在黄河大坝北的杨树也一并采伐了。经勘查,田某某共超范围砍伐杨树32株,蓄积量6.1103立方米。

【处理意见】某市森林公安局认为,田某某的行为违反了原《森林法》第三十二条第一款"采伐林木必须申请采伐许可证,按许可证的规定进行采伐;农村居民采伐自留地和房前屋后个人所有的零星林木除外"之规定,以滥伐林木对田某某立案侦查。

根据原《森林法》第三十九条第二款"滥伐森林或者其他林木,由林业主管部门责令补种滥伐株数五倍的树木,并处滥伐林木价值二倍以上五倍以下的罚款"之规定和案件事实,济南市森林公安局对违法行为人田某某作出处罚决定:责令补种滥伐林木株数5倍的树木,即160株;并处滥伐林木价值4倍罚款,即8800元。

【案件评析】某市森林公安局的处理是正确的。

滥伐林木行为,指违反了《森林法》的相关规定,未经林业主管部门及法律规定的其他主管部门批准并核发林木采伐许可证,或者虽持有采伐许可证,但违反采伐许可证规定的范围、时间、数量、树种或者其他方式,任意采伐本单位所有或者本人所有的依法应持证采伐的森林或者其他林木;超过采伐许可证规定的数量采伐他人所有的依法应持证采伐的森林或者其他林木,以及林木权属争议一方在林木权属确权之前,擅自采伐森林或者其他林木,尚不构成刑事处罚的情形。

《森林法》(2019年修订)施行后,需依法申请采伐许可证的客体、处罚等均发生了变化。第一，采伐林地上的林木应当申请采伐许可证，非林地上的农田防护林、防风固沙林、护路林、护岸护堤林和城镇林木等的更新采伐，由有关主管部门按照有关规定管理；但采伐自然保护区以外的竹林，农村居民采伐自留地和房前屋后个人所有的零星林木，以及非林地上农田防护林、防风固沙林、护路林、护岸护堤林和城镇林木等以外的林木均不需要申请采伐许可证。第二，若违反了相关规定滥伐林木的，由县级以上人民政府林业主管部门责令限期在原地或者异地补种滥伐株数1倍以上3倍以下的树木，可以处滥伐林木价值3倍以上5倍以下的罚款。

【观点概括】采伐林地上林木，不仅应按规定申请采伐许可证，还应按采伐许可证规定的数量、树种、方式、时间、地点、范围进行采伐。

# 6 采伐林木超过审批的蓄积量应如何处理

【基本案情】某村种植杨树30亩，经向当地林业主管部门申请，可以进行更新采伐。该村委会研究决定采伐工程进行公开招标。李某、王某二位村民联合中标，双方签订合同约定：村委会负责办理采伐证，申请采伐蓄积量20立方米，采伐的林木归李某、王某所有，李某、王某共同向村委会支付林木款12000元。2020年7月，村委会办理了采伐许可证（采伐蓄积量20立方米），李某、王某开始采伐。直到8月中旬，村委会发现采伐数量明显超过采伐证规定的数量，并及时制止。而李某、王某二人称并未超过采伐许可证规定的范围，拒绝停止采伐，双方发生争执。该县林业局接到村委会报告后，迅速组织技术人员对伐区进行现场勘察，发现李某、王某二人虽未超过采伐许可证规定的范围，但采伐的林木蓄积量超过规定数量6.2立方米。

【处理意见】在对此案的处理中，有两种不同意见：

第一种意见认为，李某、王某二人明知采伐许可证规定采伐数量只有20立方米，却故意超量采伐集体所有林木，企图达到非法占有的目的，其行为应属盗伐林木的行为，且数量已达6.2立方米，已超过盗伐林木的数量较大的标准，应该追究刑事责任。

第二种意见认为，李某、王某二人虽持有采伐许可证，但超过采伐许可证规定的数量采伐林木，应按滥伐林木行为进行处理，由林业主管部门给予行政处罚。

县林业局采纳了第二种意见，责令李某、王某补种滥伐林木株数5倍的树木，并处滥伐林木价值4倍的罚款。

【案例评析】县林业局的处理是正确的。

申请林木采伐许可的组织和个人应对伐区进行实际测算，不能主观臆测；同时还要对整个采伐过程进行自我监管。本案中，李某、王某二人必须按照采伐证规定的时间、地点、树种、数量、方式等进行采伐，违反任何一项都要承担法律责任。本案当事人虽未违反规定的地点，但已超过规定的数量，已构成非法采伐的行为。

最高人民检察院、公安部关于印发《最高人民检察院、公安部关于公安机关管辖的刑事案件立案追诉标准的规定（一）》的通知（公通字〔2008〕36号）规定，滥伐10至20立方米以上的，应予立案追诉。本案中，李某、王某二人滥伐林木6.2立方米尚未达到刑事案件的立案标准，应依据《森林法》第七十六条第二款的规定，由林业主管部门对李某、王某二人进行行政处罚。

【观点概括】虽持有林木采伐许可证，但违反林木采伐许可证规定的时间、数量、树种或者方式，任意采伐本单位所有或者本人所有的林木的，是滥伐林木行为。

## 7 超出林木采伐许可证核准的树种采伐其他林木是否应按滥伐林木处理

**【基本案情】**某林业公司在办理林木采伐许可证后,将林木采伐工作交给公司管理人员诸某,诸某雇请砍伐工人于2016年9~12月在伐区内进行伐木作业,但在伐木过程中,工人砍伐了伐区内的零星杂树。经查,诸某所雇请的砍伐工人虽未超过林木采伐许可证规定的范围和蓄积量作业,但采伐的树种超出所核准的桉树,采伐杂树蓄积量1.4963立方米。

**【处理意见】**在案件处理过程中,存在两种不同意见:

第一种意见认为,林业公司已办理伐区林木采伐许可证,对伐区的桉树进行全倒的皆伐砍伐方式,属于正常的林业生产行为。公司管理人员诸某雇请的工人虽砍伐了杂树,但属于伐区内自然生长的零星树木,不应列入林木采伐限额,因此砍伐杂树的行为不构成滥伐林木。

第二种意见认为,林业公司虽持有林木采伐许可证,但违反规定采伐伐区内的零星杂树,其行为已构成滥伐林木。但林业公司将伐区事宜交由诸某全面负责,砍伐工人是按照诸某的要求进行伐木作业的,此案应追究诸某的滥伐林木责任。

县林业局采纳了第二种意见,按《森林法实施条例》第三十九条第二款的规定,责令诸某补种滥伐株数5倍的树木,并处1200元的罚款。

**【案件评析】**林业局以滥伐林木进行处理是正确的,但不应以诸某作为违法主体进行处罚。

本案的关键问题:一是超出林木采伐许可证核准的树种采伐其他林木是否应按滥伐林木处理;二是违法责任应由谁承担。

原《森林法》第三十二条规定,采伐林木必须申请采伐许可证,按许可证的规定进行采伐。采伐林木的期限、数量、树种、方式和强度等都是林木采伐许可证规定的内容,未按规定而采伐其他树种的,应当定性为滥伐林木行为。

本案中,林业公司作为林木采伐者,虽然依法办理了林木采伐许可证并将伐区事宜交由诸某全面负责,但该伐区管理人员诸某的工作疏忽,在管理上未指导工人严格按照林木采伐许可证的规定进行伐木作业,由此产生的法律责任应由公司承担而不应由诸某个人承担,此案应追究林业公司的滥伐林木责任;对诸某,林业公司可依照公司的相关制度进行处理,并要求其承担相应的经济责任。

【观点概括】超出林木采伐许可证规定的"树种"采伐林木,应当定性为滥伐林木行为并依法处理;单位监管人员失职,造成单位违法的,违法责任应由单位承担,单位可依照本单位的相关制度对失职人员进行处理,并要求其承担相应的经济责任。

# 8 没有按照林木采伐许可证规定的树种进行采伐如何处理

【基本案情】2019年3月27日,某县林业局执法人员在下乡返回途中,发现一辆装满木材的农用车停在路边,经查,陈某某在2019年3月办理了15株杉木的林木采伐许可证,在规定的时间和地点采伐了12株杉木、3株马尾松,3株马尾松的活立木蓄积量为1.6916立方米。

【处理意见】本案处理中,存在以下两种处理意见。

第一种意见认为,陈某某按照规定办理了15株林木采伐许可证,并且也是在采伐的时间和地点之内,采伐的数量也是15株林木,所以不应当进行处罚。

第二种意见认为,陈某某按照规定办理了15株林木采伐许可证,虽然是在规定的采伐时间和地点之内,采伐的数量也是15株林木，但是其没有按照林木采伐许可证规定的具体树种进行采伐，且 3 株马尾松的活立木蓄积量为 1.6916 立方米，未达到刑事犯罪的立案标准，应当按照滥伐林木的行政案件进行处罚。

林业局采纳了第二种意见。

**【案件评析】** 第二种意见是正确的。

本案中陈某某虽然办理了林木采伐许可证，但是其没有按照林木采伐许可证上规定的树种进行采伐，根据《最高人民法院关于审理破坏森林资源刑事案件具体应用法律若干问题的解释》（法释〔2000〕36 号）第五条第一款规定，未经林业行政主管部门及法律规定的其他部门批准并核发林木采伐许可证，或者虽持有林木采伐许可证，但违反林木采伐许可证规定的时间、数量、树种或者方式，任意采伐本单位所有或者本人所有的森林或者其他林木的，属于滥伐林木行为。陈某某没有按照林木采伐许可证的树种进行采伐，所以应以滥伐林木行为进行处罚。

**【观点概括】** 申请采伐许可证，应当提交有关采伐的地点、林种、树种、面积、蓄积量、方式、更新措施和林木权属等内容的材料。虽持有采伐许可证，但违反林木采伐许可证规定的树种，任意采伐本单位所有或者本人所有的林地上的林木，属于滥伐林木行为。

## 9 采伐经济林是否需要办理采伐许可证

**【基本案情】** 2018 年 10 月 24 日，陈某武购买罗某三和罗某德共同承包的香椿树 29 株，在未办理林木采伐手续的情况下，进行了林木采伐，陈某武认为采伐经济林不需要办理采伐手续。

**【处理意见】** 本案处理中，存在以下两种不同意见：

第一种意见认为，陈某武采伐的是香椿树，属于经济林，不列入森林采伐限额，不需要办理林木采伐许可证，因此不属于违法行为。

第二种意见认为,陈某武的行为违反了原《森林法》第三十二条第一款的规定,属于滥伐林木,依法应当给予林业行政处罚。

林业局采纳了第二种意见。

**【案件评析】** 第二种意见是正确的。

根据原《森林法》的规定,除农村居民采伐自留地和房前屋后个人所有的零星林木外,凡采伐林木,都必须申请林木采伐许可证,并按照采伐许可证的规定进行采伐。对于凭证采伐的范围,法律并未按林种划分,将经济林排除在外。

原《森林法》第二条中明确规定:在中华人民共和国领域内从事森林、林木的培育种植、采伐利用和森林林木、林地的经营管理活动,都必须遵守本法。第四条中明确森林分为以下五类:防护林、用材林、经济林、薪炭林、特殊用材林。

陈某武在未办理采伐许可证的情况下,对29棵香椿树进行了采伐,已经构成滥伐林木的行为。根据原《森林法》第三十九条第二款的规定,"滥伐林木或者其他林木,由林业主管部门责令补种滥伐株数五倍的树木,并处滥伐林木价值二倍以上五倍以下的罚款。"

**【观点概括】** 按原《森林法》规定,除农村居民采伐自留地和房前屋后个人所有的零星林木外,凡采伐林木(包括经济林),都必须申请林木采伐许可证,并按照采伐许可证的规定进行采伐。

**【特别说明】**

按照2020年7月1日实施的《森林法》,除采伐自然保护区以外的竹林、农村居民采伐自留地和房前屋后个人所有的零星林木外,凡采伐林地上的林木(包括经济林),都必须申请采伐许可证,并按照采伐许可证的规定进行采伐。

# 10 擅自采挖林木及毁坏林木如何区分处理

【基本案情】2020年8月,当事人王某某以300元/株的价格购买了张某某自留山上的林木,拟作为绿化树移栽到自己的苗圃地。在未办理林木采伐许可证的情况下,雇佣钩机擅自采挖了32株绿化树,且在采挖和运输过程中毁坏了64株林木。经某市林业局鉴定:采挖林木蓄积量为1.4985立方米,毁坏林木蓄积量为5.4849立方米。

【处理意见】第一种意见认为,以滥伐林木处理。王某某是通过林主购买了绿化树,取得所有权后再采伐的行为,应定为滥伐林木处理。

第二种意见认为,以毁坏林木处理。王某某在采挖绿化树过程中毁坏了一些林木和留下了开垦痕迹,因此该行为应定为毁坏林木处理。

第三种意见认为,以滥伐、毁坏林木处理。王某某以购买绿化树并移栽到自己苗圃地为目的,虽然在采挖过程中毁坏了部分林木,但并非是有意破坏,也不是以非法占有为目的,根据两种行为的构成要件,一是采挖绿化树应定为滥伐林木处理;二是采挖过程中破坏的林木应定为毁坏林木处理。

某市林业局采纳了第三种意见,依照新《森林法》第七十四条第一款、第七十六条第二款的规定,"处滥伐林木价值三倍和毁坏林木价值三倍的罚款;责令限期在原地补种滥伐株数三倍及毁坏株数三倍的林木。"

【案件评析】本案中,王某某购买张某某所有的林木,并不违反法律法规的规定,双方自达成买卖林木协议后,其林木权属亦随之转移,即王某某购买张某某所有的自留山上的林木后,取得了所购林木的所有权。在没有办理采伐许可证的情况下,采挖自己所购的32株绿化树构成滥伐林木行为,其行为违反了《森林法》第五十六条第一款规定,根据第七十六条第二款规定,"责令限期在原地或异地补种滥伐株数一倍以上三倍以下的树木,可以处滥伐林木价值三倍以上五倍以下的罚款。"

另外,王某某在采挖绿化树的过程中,除了滥伐林木32株以外,还造成了64株林木不同程度破坏。该行为违反了《森林法》第三十九条第一款"禁止毁坏林木和林地的行为"的规定,已构成毁坏林木行为,根据《森林法》第七十四条第一款的规定,"责令限期在原地或者异地补种毁坏株数一倍以上三倍以下的树木,可以处毁坏林木价值五倍以下的罚款。"

【观点概括】在该案件中王某某的行为同时涉及滥伐林木和毁坏林木的行为。擅自采挖自己所有的绿化树,违反了采伐林地上林木应当办理采伐许可证的规定,构成滥伐林木行为;采挖林木过程中造成的破坏林木部分,违反了禁止毁坏林木和林地的行为的规定,构成毁坏林木行为。以上两种行为界限明确,应当分别界定并进行处罚。

## 11 如何确定滥伐林木案件中的违法主体

【基本案情】2018年4月6日,临清市某村村民程某将自己所有的村东18棵杨树(后经查实为林地)以1600元成交价卖给王某,程与王商议谁伐树谁办采伐许可证,王某在未办理林木采伐许可证的情况下擅自采伐地上杨树15棵。经现场勘验,15棵杨树活立木蓄积量2.85立方米。

【处理意见】在案件处理过程中,存在两种不同意见:

第一种意见认为,树木是程某的,应对程某按《森林法实施条例》第三十九条的规定,"责令补种滥伐株数5倍的树木,并处滥伐林木价值3倍至5倍的罚款。"

第二种意见认为，程某已经将树木卖给了王某，树木所有权已经发生了转移，树木权属归王某所有，王某具体实施了滥伐林木的违法行为，应按《森林法实施条例》第三十九条的规定，"责令王某补种滥伐株数5倍的树木，并处滥伐林木价值3倍至5倍的罚款。"

林业局采纳第二种意见，按《森林法实施条例》第三十九条的规定，责令王某补种滥伐株数5倍的树木75株，并处滥伐林木价值3倍以上的罚款5000元。

**【案件评析】** 林业局的处理是正确的。

根据《最高人民法院关于审理破坏森林资源刑事案件具体应用法律若干问题的解释》（法释〔2000〕36号）第五条第一项规定，"未经林业行政主管部门及法律规定的其他主管部门批准并核发林木采伐许可证，或者虽持有林木采伐许可证，但违反林木采伐许可证规定的时间、数量、树种或者方式，任意采伐本单位所有或者本人所有的森林或者其他林木的"属于滥伐林木行为。

本案中，王某取得了对该树木的所有权，是树木所有者，客观上实施了未经林业主管部门许可的擅自砍伐林木行为，其行为侵犯了国家对林木采伐的管理制度。因未达到《最高人民法院关于审理破坏森林资源刑事案件具体应用法律若干问题的解释》第五条、第六条规定："滥伐林木'数量较大'以10至20立方米或者幼树500至1000株为起点"刑事案件立案追诉标准的规定，因此王某的行为构成了滥伐林木行政违法行为。

**【观点概括】** 采伐自己所有的林木，未办理采伐许可证的，构成了滥伐林木违法行为；采伐林木前，林木所有权已经转让并约定由受让人办理采伐许可证的，违法责任由林木受让人承担。

**【特别说明】** 相比于原《森林法》，2020年7月1日实施的新《森林法》维持了对滥伐林木责令限期补种以及处以罚款的处理方式，同时作出了如下修改：一是明确了补种地点，可以在原地补种，也可以在异地补种。二是将滥伐林木的罚款由"并处"修改为

"可以处"，县级以上地方人民政府林业主管部门根据违法行为的性质、情节、危害等多种因素，可以对违法行为人处以罚款，也可以不处以罚款。三是罚款数额由滥伐林木价值的"2 倍以上 5 倍以下"修改为"3 倍以上 5 倍以下"。四是适当下调了补种的倍数，将"补种数量的绝对倍数 5 倍"修改为"区间数量 1 倍以上 3 倍以下"。

## 12 多人滥伐林木应如何划分法律责任

**【基本案情】** 多年前某村村民陆某承包了该村一块山地养鸡并种植了桉树和部分阔叶树。2020 年 7 月 25 日，陆某把在林地上种植的林木以 1300 元卖给了杨某和莫某，授意他们自主采伐。2020 年 7 月 26~27 日，杨某伙同莫某一起到现场砍伐林木出售，获益均分，共砍伐了 35 棵树木，杨某和莫某把部分木材卖给附近的木材厂，获利 1500 元，剩下约一半的木材被派出所扣押。三人均没有办理林木采伐许可证，案件未达刑事立案标准。

**【处理意见】** 在案件处理过程中，存在三种不同意见：

第一种意见认为，处罚杨某和莫某，因为他们是违法行为直接实施者，树木是他们砍伐的，应处罚他们二人。

第二种意见认为，处罚陆某，因为陆某是树木的所有者，未经其授意，杨某和莫某无权砍伐树木。

第三种意见认为，本案应作为一个案件界定处罚数额，由陆某、杨某和莫某平均分担，因为他们是共同违法。

林业局采纳了第三种意见。

**【案件评析】** 林业局的处理是正确的。

《森林法》第五十六条第一款规定，采伐林地上的林木应当申请采伐许可证，并按照采伐许可证的规定进行采伐；采伐自然保护区以外的竹林、农村居民采伐自留地和房前屋后个人所有的零星林木除外。

没有按规定办理采伐许可证,即使砍伐本人所有的林木,也会构成滥伐林木行为。陆某把其所有的树木出售给杨某和莫某并授意杨某和莫某把树木砍伐掉,杨某和莫某共同砍伐树木并出售木材,三人主观都有非法砍伐树木的故意。

共同违法行为是指2人以上共同故意实施的违反行政管理秩序的行为。其构成要件:①共同违法行为的主体必须是2人以上。可以是2个以上自然人、2个以上的单位,也可以是自然人与单位。②共同违法主体客观上必须具有共同的行政违法行为。即各行为人为同一违法结果,完成同一违法事实而实施的相互联系、相互配合的违法行为,这一违法行为与违法结果之间存在因果关系。因此,从本质上看,共同违法行为属于实质意义上的"一事"或"一个行为",而非"多事"或"多个行为"。③共同违法主体主观上必须具有共同的违法故意,即通过意思联络,多个行为人认识到他们的共同行为会发生某一事实结果,并决定参与共同实施该违法行为。

本案中,由于《行政处罚法》未明确规定对共同违法行为如何划分法律责任,可根据行政处罚的基本原则得出具体的处理方案。

第一,对于"共同违法"行为的处理应当符合"过罚相当"原则。在"共同违法"案件中,由于在同一违法事件中有两个或两个以上的行为人参与,他们共同合谋、分工合作并按各人在违法行动中的作用分配利益。此类案件中,从表面上看行为人有多人,似乎存在多个违法事实,其实这类案件整个事件为一个整体,实为"一事",多个相对人共同参与,其行为构成了共同行政违法行为,造成了一个整体的危害。《行政处罚法》第四条第二款规定"设定和实施行政处罚必须以事实为依据,与违法行为的事实、性质、情节以及社会危害程度相当",体现了"过罚相当"的原则。

第二,对于"共同违法"行为中各当事人的责任应按"一事各罚"的原则确定。根据"过罚相当"原则,应对共同行政违法行为的整体危害作出一个合理的界定,按实体法律法规确定应承担的处罚,再根据各个行为人在实施违法行为中的作用、分工或利益分配等确定其应负的法律责任,有人称之谓"一事各罚"。对共同行政违法行为人适用"一事各罚",是因为行为人都参与实施了违反行政法律规范的违法行为,理应承担相应的行政责任,而且共同行政违法人彼此的行政责任是相互独立,不能互相代替,更不能由其中一人承担所有行为人共同的行政责任。对共同行政违法行为实施"一事各罚",也不是简单地对行政责任平均分割,而应按照违法行为人情节的轻重、违法行为的性质,在法定的处罚方式和处罚幅度内,分别对各个行为相对人给予处罚,做到"责任自负、过罚相当"。

第三,对"共同违法"应按一案查处,共同行政违法行为人均为本案的当事人。共同行政违法行为人实施的违法事实为一个整体,理应立"一案"查处,即同案查处,共同行政违法行为人均为本案的当事人。林业主管部门应该对行为人在共同行政违法案件中实施的行为进行全面深入调查,了解其分工,并根据行为人的违法情节、行为人在违法事件中发挥的作用、所造成的法律后果等因素进行综合评定,在自由裁量权范围内作出与违法责任相当的行政处罚决定。

本案中,三人行为相辅相成,作用相互关联,互为构成违法行为的条件,陆某获利1300元,杨某、莫某预期获利近3000元,他们都是违法行为直接实施者,情节相差不大,所以根据共同违法造成的危害计算应受处罚责任,应当对三个当事人分别处以同等处罚。

【观点概括】查处共同行政违法,应对共同行政违法行为的整体危害作出一个合理的界定,按法律、法规和规章规定确定应承担的处罚,再根据各行为人的违法情节、在违法事件中发挥的作用、所造成的法律后果和利益分配等因素进行综合评定,在自由裁量权范围内对各行为人作出与违法责任相当的行政处罚决定。

# 13 如何区分盗伐林木与滥伐林木行为

**【基本案情】** 2020年7月18日,陈某的个体建筑队在承建某镇某村村西住宅小区供热管线工程中,因该村村民康某所种植于住宅小区西侧林地的树木妨碍施工,经陈某与康某协商达成协议:砍伐树木13株,每株赔偿350元,并由陈某办理林木采伐许可证。因工期紧张,陈某在未办理林木采伐许可证的情况下,擅自对13株树木进行砍伐,此外又超伐6株,并将木材卖于他人。

经某区林果科技服务中心及区价格认证中心技术人员鉴定,19株树木折合立木蓄积量1.872立方米,价值463.5元。

**【处理意见】** 本案中,对陈某砍伐13株树木认定为滥伐行为没有分歧,但是,就陈某超伐的6株树木的违法行为存在两种观点:一种观点认为,陈某的行为属于盗伐林木行为,应根据新《森林法》第七十六条第一款的规定进行处罚。理由:就陈某超伐的6株树木权属为康某所有。陈某未征得林木所有权人康某的同意,超伐林木6株,其行为属于盗伐林木行为;另一种观点认为,陈某的行为属于滥伐林木行为,应根据新《森林法》第七十六条第二款的规定进行处理。理由是:陈某事先已和林木所有权人康某就妨碍施工的林木私下达成协议,对碍事的树木进行砍伐,后超伐6株,其行为只破坏了国家林木采伐管理制度。因此,陈某的行为应属于滥伐林木行为。

园林绿化行政主管部门赞同第二种观点。陈某的行为违反了新《森林法》第五十六条第一款的规定,属于滥伐林木行为。根据新《森林法》第七十六条第二款的规定,给予陈某行政处罚:补种滥伐株数1倍树木共19株;处滥伐林木价值3倍罚款,共计罚款1390.5元。

**【案件评析】** 园林绿化行政主管部门的处理是正确的。

陈某与康某私下达成协议，并由陈某负责办理采伐许可证方可采伐。因工期紧，陈某在未办理采伐许可证的情况下，擅自将达成协议的13株树木砍伐。其行为已经违反了国家林木采伐管理制度，属于滥伐林木行为。关于陈某超伐康某树木6株，因此前双方已经私下达成协议，允许陈某砍伐康某本人所有树木，也就是说康某已知陈某将要对其所有树木进行砍伐。主观上，陈某并不是以非法占有为目的、以秘密窃取为手段超伐康某树木，其超伐树木的行为，也属于滥伐林木行为。

【观点概括】盗伐林木与滥伐林木的区别在于主观上是否以占有为目的，盗伐林木具有非法占有目的，而滥伐林木不具有该目的。陈某以树木妨碍施工为由，在未办理采伐许可证的情况下擅自采伐19株树木的行为均属于滥伐林木行为。

## 14 滥伐林木案件中滥伐林木数量和林木价值如何计算

【基本案情】2020年1月，某林业和草原局接到群众匿名举报，称有人在随意砍伐林木。经查，村民殷某某在未办理林木采伐许可证的情况下，私自将本人位于该村自留山内的云南松林木锯伐。经现场核查，殷某某滥伐云南松林木8株，蓄积量3立方米，原木材积1.614立方米。案发时，当地物价部门认定机构对云南松原木价格认定为400元每立方米。

【处理意见】在案件处理过程中，对殷某某滥伐林木数量和林木价值如何计算的问题，有三种不同意见：

第一种意见认为，滥伐林木数量和林木价值应按立木蓄积量计算，即滥伐林木数量为3立方米，滥伐林木价值为3立方米×400元/立方米=1200元。

第二种意见认为，滥伐林木数量和林木价值应按原木材积计算,即滥伐林木数量为 1.614 立方米,滥伐林木价值为 1.614 立方米×400 元/立方米=645.6 元。

第三种意见认为,滥伐林木数量应按立木蓄积量计算,滥伐林木价值按原木材积计算,即滥伐林木数量为 3 立方米,滥伐林木价值为 1.614 立方米×400 元/立方米=645.6 元。

林业和草原局采纳了第三种意见,滥伐林木数量应按立木蓄积量计算,滥伐林木价值按原木材积计算,对殷某某进行了处罚。

【案件评析】林业和草原局的处理是正确的。

处理本案的焦点有两个:一是滥伐林木数量如何计算;二是滥伐林木价值如何计算。

第一,关于林木数量的计算问题。根据《最高人民法院关于审理破坏森林资源刑事案件具体应用法律若干问题的解释》(法释〔2000〕36 号)第十七条规定,"本解释规定的林木数量以立木蓄积计算,计算方法为:原木材积除以该树种的出材率。"所以,本案中,殷某某滥伐林木数量应按立木蓄积量 3 立方米计算。

第二,关于林木价值的计算问题。立木蓄积量是指活立木树干部分的材积,原木材积是指伐倒木经造材截成原木部分的材积。立木蓄积量和原木材积虽然存在一定的差异,但一般林木的价值主要是原木的价值,造材剩余物的价值很小,林木价值应按原木材积计算;如果伐倒木尚未制材,应按立木蓄积量乘以出材率再乘以每立方米原木价格计算林木价值。本案中滥伐林木价值按原木材积计算,即滥伐林木价值为 1.614 立方米×400 元/立方米=645.6 元。

【观点概括】滥伐林木数量应按立木蓄积量计算,滥伐林木价值按原木材积计算。

# 15 检察机关不予起诉的滥伐林木行为应如何处理

【基本案情】2018 年 3 月,某森林分局接到群众举报,余某在没有办理林木采伐许可证的情况下,雇请工人到某镇海边砍伐被台风吹毁的林木。经鉴定:余某择伐林木麻黄共184株,蓄积量共11.4立方米。余某滥伐行为达到刑事立案标准,公安机关立案侦查。2018年11月,余某被依法移送检察院起诉。2019年1月,检察院以余某犯罪情节轻微,归案认罪态度较好,没有前科劣迹,作出不起诉决定。

【处理意见】在案件处理过程中,存在两种不同意见:

第一种意见认为,余某在没有办理林木采伐许可证的情况下,雇请工人砍伐被台风吹毁的林木达到刑事立案标准,公安机关已经立案查处并依法移送检察院起诉,检察院作出不起诉决定,该案已处理已完结。

第二种意见认为,虽然检察院对余某作出不起诉决定,不追究其破坏森林资源的刑事责任,但其应承担破坏森林资源的行政处罚责任,须转行政案件进行办理,对其作出行政处罚,并责令其恢复破坏的生态环境。

林业局采纳了第二种意见,转立林业行政案件进行处理,对其作出责令补种林木920株和罚款6144元的处罚决定。

【案件评析】林业局的处理是正确的。

本案的关键问题是,对余某刑事立案处理后,是否还能够按《森林法》的规定进行行政处罚。

余某在没有办理林木采伐许可证的情况下,雇请工人砍伐被台风吹毁的林木,并达到刑事立案标准。公安机关依法启动刑事程序进行立案查处并移送检察机关起诉,但检察机关对余某作出不起诉决定。余某的违法行为并没有受到处罚,生态破坏并没有得到恢复。《行政执法机关移送涉嫌犯罪案件的规定》(2020年8月14日,国务院修订)第十条规定,"行政执法机关对公安机关决定不予立案的案件,应当依法作出处理;其中,依照有关法律、法规或者规章的规定应当给予行政处罚的,应当依法实施行政处罚。"因此,检察机关对余某作出不起诉决定后,因该案存在依照有关法律、法规或者规章的规定应当给予行政处罚的情形,林业局应启动行政处罚程序,对余某滥伐林木的违法行为按《森林法》第三十九条的规定进行行政处罚。本案林业局对余某作出行政处罚,不存在以罚代刑的问题。

**【观点概括】**滥伐林木涉嫌犯罪的,林业主管部门应当及时将案件移送司法机关,依法追究刑事责任。公安机关启动刑事程序进行立案查处,检察机关不予起诉的,违法行为并没有得到处罚,林业主管部门要按照《森林法》的规定,对违法行为进行行政处罚。

**【特别说明】**2021年7月15日施行的《行政处罚法》第二十七条规定,"违法行为涉嫌犯罪的,行政机关应当及时将案件移送司法机关,依法追究刑事责任。对依法不需要追究刑事责任或者免予刑事处罚,但应当给予行政处罚的,司法机关应当及时将案件移送有关行政机关。"

## 16 采伐有争议的林地上树木应如何处理

**【基本案情】**2020年4月11日,某县某村李某在没有办理林木采伐许可证情况下,自带油锯到认为是自己承包林地内砍伐杨树,被相邻承包人张某发现,随即向辖区森林公安局报案,称李某越界盗伐其承包林地的杨树。森林公安局出警询问了李某,并对其采伐现场进行了勘验检查。经技术鉴定,李某共采伐成材杨树12株,立木蓄积量3.5231立方米。办案人员询问时,李某辩称其没有越界采伐张某杨树,不存在盗伐行为。通过调取两家承包合同现场比对,发现四至文字表述模糊不清,相邻界线难以确认,林木权属存在纠纷。另查明,张某之前就该处杨树权属多次到镇政府、县林业局上访。

**【处理意见】**就如何处理李某无证采伐行为,存在三种意见:

第一种意见认为,应由乡镇政府先行调解林权纠纷,再对李某无证采伐作出处理。

第二种意见认为,张某坚持李某故意越界,且属无林木采许可证进行采伐,可由森林公安局按盗伐林木行为对李某进行处罚。

第三种意见认为,由于历史原因,双方承包合同的相邻界线确实模糊不清,镇政府反复深入现场调解未果,林权存在纠纷,应作滥伐处理。

某县林业局认为,无论双方相邻界线如何划定,林权到底归谁,李某无证采伐是不争的事实。因此采纳第三种意见,依据《森林法实施条例》第三十九条规定,作出责令补种滥伐林木株数 5 倍的树木,即 60 株,并处滥伐林木价值 3 倍罚款的行政处罚。

【案件评析】县林业局以滥伐定性的处理是正确的。

原《森林法》第十七条第四款规定,"在林木、林地权属争议解决之前,任何一方不得砍伐有争议的林木。"但是,原《森林法》和《森林法实施条例》的法律责任中均找不到违反该条款应如何处理的规定。根据《最高人民法院关于破坏森林资源刑事案件具体应用法律若干问题的解释》(法释〔2000〕36 号)第五条第二款的规定,"林木权属争议一方在林木权属确认之前,擅自砍伐森林或其他林木,数量较大的,以滥伐林木罪论处。"

考虑到李某擅自砍伐权属尚未确定的杨树数量不大,未达到刑事立案的标准,应给予滥伐林木的行政处罚。这既符合原《森林法》的立法精神,也符合森林资源保护工作的实际需要。

【观点概括】根据原《森林法》,在林木、林地权属争议解决前,当事人任何一方不得砍伐有争议的林木,否则将直接追究行政或者刑事责任,而不以查清产权归属为追究责任的前置条件。2020 年 7 月 1 日施行的新《森林法》则规定,"在林木、林地权属争议解决前,除因森林防火、林业有害生物防治、国家重大基础设施建设等需要外,当事人任何一方不得砍伐有争议的林木或者改变林地现状。"

## 17 村民采伐基本农田林木应该如何处理

【基本案情】2019年8月,村民李某在没有办理林木采伐许可证的情况下,任意采伐其基本农田里的杨树12棵,合计林木蓄积3立方米。

【处理意见】对本案的处理,有以下两种不同的意见:

第一种意见认为,原《森林法》第三十二条:"采伐林木必须申请采伐许可证,按许可证的规定进行采伐;农村居民采伐自留地和房前屋后个人所有的零星林木除外。"虽然其采伐的是非林业用地上的林木,但在未经林业行政主管部门批准并核发采伐许可证的情况下进行采伐,那么就应该办理林木采伐许可证,就该对李某进行处罚。

第二种意见认为,按照原《中华人民共和国物权法》(以下简称《物权法》)第一百二十五条规定,"土地承包经营权人依法对其承包经营的耕地、林地、草地等享有占有、使用和收益的权利,有权从事种植业、林业、畜牧业等农业生产。"第一百二十七条规定,"土地承包经营权自土地承包经营权合同生效时设立。"因此不属于违法行为。

【案件评析】该案发生在2019年,原《森林法》明确规定采伐林木需要办理采伐许可证,因此,当时对李某无证采伐林木行为应当作出行政处罚。在广泛听取各方意见和调研论证的基础上,2020年7月1日施行的新《森林法》保留了采伐许可证制度,但作出了重大修改。新《森林法》第五十六条规定:"采伐林地上的林木应当申请采伐许可证,并按照采伐许可证的规定进行采伐;采伐自然保护区以外的竹林,不需要申请采伐许可证,但应当符合林木采伐技术规程。农村居民采伐自留地和房前屋后个人所有的零星林木,不需要申请采伐许可证。非林地上的农田防护林、防风固沙林、护路林、护岸护堤林和城镇林木等的更新采伐,由有关主管部门按照有关规定管理。"因此,2020年7月1日之后,对非林地上的农田防护林、防风固沙林、护路林、护岸护堤林和城镇林木等的采伐,不属于《森林法》的调整范围。新《森林法》生效后非林地上林木被采伐,不再以盗伐和滥伐来处理,行政案件林业部门无权处理。非林地林木被采伐和毁坏涉嫌盗窃和毁坏财物,构成治安案件和刑事案件。

【观点概括】非林地上的林木采伐是否需办采伐证问题,应当根据不同情况不同规定来确定。

【特别说明】原《森林法》规定,采伐林木必须申请采伐许可证。2020年7月1日施行的新《森林法》规定采伐林地上的林木应当申请采伐许可证,自然保护区以外的竹林不需要申请。农村居民采伐自留地和房前屋后个人所有的零星林木,不需要申请采伐许可证。非林地上的农田防护林、防风固沙林、护路林、护岸护堤林和城镇林木的采伐,由有关主管部门按照有关规定管理。需要注意的是,相关修改并不意味着削弱非林地上林木的保护管理,如护路林、护堤护岸林、城镇林木等的采伐还应当按照《中华人民共和国公路法》《中华人民共和国防洪法》《城市绿化条例》等规定进行管理。

## 第三章

# 毁坏林木、林地案件

# 第三章
## 毁坏林木、林地案件

## 1 毁林造林的违法行为应如何处罚

**【基本案情】** 2020年3月,某县林业局接到群众举报,溪口镇某村村民付某在其经营管理的山场中,将原有的林木挖掉再造林。接案后,县林业局执法人员在村干部的带领下前往现场调查核实。经现场核实,村民付某于2020年1月底在该山场老路旁的林下套种红豆杉、杉木、毛竹。整地过程中,其保留林中较大的树木,将一些小灌木、杉木和阔叶树进行清理,清理的树木连根挖起丢弃在现场。经现场勘验,毁坏杉木9株,立木蓄积量1.5208立方米,毁坏阔叶树20株,立木蓄积量1.016立方米;清理后的林地已种植红豆杉、杉木、毛竹。

**【处理意见】** 县林业局在处理此案件时有三种意见:

第一种意见认为,付某的行为虽未经林业部门批准,但其没有改变林地用途,且清理林木只是为了更好地种植红豆杉、杉木、毛竹等林木,事实确已种植上述林木,不应当给以行政处罚。

第二种意见认为,付某为了种植红豆杉、杉木、毛竹,未经林业主管部门批准,在造林整地过程中连根挖起杉木9株、阔叶树20株,丢弃在路边,案发调查时未占为己有,但事实已形成毁林,应定性为滥伐林木予以处罚。

第三种意见认为,付某为了达到占有集体林地种植林木的目的,在集体所有的林地中整地造林,将影响造林的树木连根挖起丢弃在现场,应定性为毁林进行处罚。

**【案情评析】** 县林业局采纳了第三种意见。所谓"毁坏"林木行为,按照《国家林业局关于如何适用<森林法实施条例>第四十一条第一款有关规定的函》(林函策字〔2003〕109号)的解释,是指致使林木不能正常生长或者造成林木死亡等情形。该案当事人为了达到在集体所有的林地中占地造林的目的,整地中将影响造林的林木毁

49

坏,连根挖起丢弃在现场。根据原《森林法》第四十四条规定,"进行开垦、采石、采砂、采土、采种、采脂和其他活动,致使森林、林木受到毁坏的,依法赔偿损失;由林业主管部门责令停止违法行为,补种毁坏株数一倍以上三倍以下的树木,可以处毁坏林木价值1倍以上5倍以下的罚款。"县林业局对当事人付某作以下行政处罚:责令停止违法行为;补种毁坏林木株数2倍的树木;处毁坏林木价值3倍的罚款。

【观点概括】一是当事人将毁坏的林木丢弃在现场,不以占有林木为目的,不能定性为盗伐、滥伐林木;二是在造林整地过程中毁坏林木,连根挖起并丢弃在现场,已造成了毁坏林木的事实,应当定性为毁坏林木行为。

【特别说明】2020年7月1日施行的新《森林法》将原《森林法》第四十四条修订为第七十四条:"违反本法规定,进行开垦、采石、采砂、采土或者其他活动,造成林木毁坏的,由县级以上人民政府林业主管部门责令停止违法行为,限期在原地或者异地补种毁坏株数一倍以上三倍以下的树木,可以处毁坏林木价值五倍以下的罚款。"修订的主要内容:一是删除了"依法赔偿损失"的内容。实践中,有的林业主管部门将赔偿损失写入《行政处罚决定书》,是不恰当的。"赔偿损失"属于民事责任。对此,可以适用新《森林法》第七十一条关于侵权责任的规定,双方当事人可以先协商解决,若侵权方不履行此项义务,受害方可向法院提起民事诉讼,以维护自身合法权益。二是明确了责令补种树木的地点是"原地或者异地"。

新修订《森林法》第七十四条规定的"造成林木毁坏"不包括非林地上的林木。首先,根据新修订《森林法》第五十六条之规定"采伐林地上的林木应当申请采伐许可证,并按照采伐许可证的规定进行采伐……非林地上的农田防护林、防风固沙林、护路林、护岸护堤林和城镇林木等的更新采伐,由有关主管部门按照有关规定管理",县级以上林业主管部门依照本法赋予的权利,对林地上的林木进行管理,而非林地上的林木按照有关规定由有关部门进行管理。其次,关于第七十四条规定的"进行开垦、采石、采砂、采土或者其他活动,造成林木毁坏"的违法行为,是由县级以上人民政府林业主管部门责令停止违法行为,限期补种树木,并可处相应罚款。由于,第七十四条执法主体是林业主管部门,依照法律规定,林业主管部门只是对林地上林木进行监督管理。因此,《森林法》第七十四条中的毁坏林木,理应是林地上的林木。

## 2 擅自在内河大堤支埂施工采伐林木应如何处理

【基本案情】2020年10月,某首创水务有限公司承接区政府开发区污水压力管道处理工程,为了完成工程施工进度,在未办理林木采伐许可证的情况下,擅自在某木业有限公司承包经营的国有滩涂地内河大堤支埂内的意杨林中施工,并用挖掘机将意杨树挖起,堆放在施工现场,经鉴定挖掘意杨树59株,意杨立木蓄积量9.2478立方米。

【处理意见】本案处理中,存在两种不同意见:

第一种意见认为,某首创水务有限公司施工建设污水压力管道工程,砍伐林木应当申请办理林木采伐许可证,而在未办理林木采伐许可证的情况下,任意挖掘他人承包的林木,其行为已构成滥伐林木,应当按照滥伐林木行为给予行政处罚。

第二种意见认为,某首创水务有限公司施工建设污水压力管道工程,其目的不是砍伐林木,其行为已经构成毁林行为,应当按照毁坏林木行为给予行政处罚。

林业局采纳了第二种意见。

【案件评析】第二种意见是正确的。

毁坏林木行为是指违反《森林法》规定,因进行开垦、采石、采砂、采土或者其他活动造成林木毁坏。而滥伐林木行为是指违反

《森林法》规定，未经林业主管部门及法律规定的其他主管部门批准并核发采伐许可证，任意采伐本单位所有的林木，该行为侵犯的客体是国家森林资源保护管理制度，主观上因行为人对所伐林木具有所有权而不具有非法占有的目的，客观方面表现为行为人在对林木具有所有权的情况下，采取了无证采伐行为。

本案中，某首创水务有限公司的行为主观上具有毁林的故意，客观上实施了毁林的行为，致使公私财物遭到毁坏，其主要目的是为了污水压力管道施工建设，而不是为了取得木材而采伐林木，其行为侵犯了公私财物的所有权。综上所述，林业局采纳了第二种意见，依据《森林法》第七十四条第一款的规定对某首创水务有限公司处以林业行政处罚。

【观点概括】违反《森林法》规定，进行开垦、采石、采砂、采土或者其他活动，造成林木毁坏的，由县级以上林业主管部门责令停止违法行为，限期在原地或者异地补种毁坏株数 1 倍以上 3 倍以下的树木，可以处毁坏林木价值 5 倍以下的罚款。

## 3 以管理为目的的修枝行为造成林木破坏如何定性

【基本案情】某区某乡某村村民霍某某在该村南侧承包一块林地，林地内有其承包经营管理的村集体所有柿子树 10 株。因柿子树长势过高不方便采摘，未经村集体同意，霍某某擅自将承包经营管理的柿子树锯除主干或主枝，并将锯下的主干及主枝拉回家烧柴火。经调查询问得知，霍某某实施此行为的目的是为了矮化管理柿树，但其不具有矮化管理柿树的技术经验，也未向专业技术人员寻求技术支持。

【处理意见】对霍某某的行为是否构成违法，有两种意见。

第一种观点认为其不违法。因为被锯除主干或侧枝的树木是霍某某承包经营管理的柿树，柿树在日常管理时应当进行必要的修剪，柿子树长势过高时，在符合条件的情况下，可以实施高接换优等矮化管理技术措施。本案中，霍某某作为承包人，有权对其经营管理的柿树进行修剪、矮化管理，因此，是合法行为。

第二种观点认为霍某某的行为违法。因为对柿树进行矮化管理需要具备一定条件，其中一方面是树体本身，矮化管理大都是在幼树时期进行，同时还要以轻剪为主、重修剪结合，另一方面是实施人员应具备一定的技术条件，霍某某从未对果木进行过修剪和矮化，没有任何专业技术，也未向有关专业技术人员进行咨询取得技术支持。调查人员咨询果树专业技术人员得知，以直接锯除树木主干的方式进行矮化管理，会导致柿树至少3年没有产量，树木恢复过慢甚至死亡。由此可见，霍某某的行为，名为矮化管理，实质是违反技术规程过度修枝。

【案件评析】园林绿化主管部门同意第二种观点，认为霍某某的行为构成违法，但是其行为如何定性，又存在一定争议。

第一种观点认为，霍某某的行为构成了盗伐林木行为。因为其未持有林木采伐许可证，擅自砍伐，并且霍某某在村北承包地内将柿子树的主干或主枝锯折后，将所伐树木用车运回家中烧柴火，主观上属于"非法占有"，因此，霍某某的行为属于盗伐林木行为。

第二种观点认为，霍某某的行为属于毁坏林木行为。因为其主观目的并不是"非法占有"，其锯折树木的主干和树枝的原因是树木长势过高，柿子采摘不便，为了修剪、矮化树木；其次，霍某某不具备矮化管理树木的技术条件，将经营管理的柿树锯除主干或主枝的行为，表面上是经营管理行为，实质上是违反操作规程的过度修枝行为，此行为造成林木一定程度的破坏，属于毁坏林木行为。

园林绿化行政主管部门认为霍某某的行为实质上是违反操作规程的过度修枝行为，违反了《森林法》第三十九条之规定，属于毁坏林木行为。

【观点概括】盗伐、滥伐与毁坏林木行为，都是未经许可采伐林木的行为，主要看采伐人是否以非法取得所伐林木为目的。一般情况下，以非法取得所伐林木为目的的是盗伐、滥伐林木行为；不具有非法取得林木为目的的应认定为毁坏林木行为。

## 4 未经批准为放线测量修路砍伐林木如何定性

【基本案情】2020年8月，某县林业局在工作中发现，某公司在某村山顶有毁坏林木行为。经查，某公司在未办理林木采伐许可证的情况下，以放线测量为由，擅自将位于某村南山顶林木权属为某村集体所有的34棵树木砍伐（其中橡子树13棵、牛筋子树21棵），林木现场堆放。鉴定林木蓄积量为0.378立方米，鉴定价值为474元。

【处理意见】在案件办理过程中，对某公司伐倒的林木定性问题出现了两种不同意见：

第一种意见认为，某公司所采伐的林木为老杂树，人们普遍认为采伐这种树，不用办证，并且不是故意毁树和放树，认为不是违法行为，不应该给予林业行政处罚。

第二种意见认为，某公司伐倒的林木不是以非法取得木材为目的，而是原有杂树碍事，所以不属于盗伐林木行为，应构成毁坏林木行为，应该给予林业行政处罚。

经查证，某公司擅自伐倒林木的行为已构成毁坏林木行为，该案立为毁坏林木案。根据《森林法》第七十四条第一款的规定，责令某公司补种毁坏林木株数2倍的林木，共计68株，并决定处毁坏林木价值1倍的罚款，共计罚款474元。

【案件评析】某县林业局的处理意见是正确的。

盗伐林木是指违反《森林法》规定，以非法占有为目的，擅自采伐林地上国家、集体或他人所有或者他人承包经营管理的林木，擅自采伐本单位或者本人承包经营管理但未取得林木所有权的林地上的林木，以及在采伐许可证规定的地点以外采伐林地上国家、集体、他人所有或者他人承包经营管理的林木。判定其是否构成盗伐林木行为的关键，是行为人是否以非法取得木材为目的，并对自己无权处置的林木实施采伐。而毁坏林木是指因开垦、采石、采砂、采土或者其他活动，致使林木受到毁坏。从表现形式上看，盗伐与毁坏林木有相同之处，但在砍伐原因和对林木处置两个方面却不同，盗伐林木是指以非法占有为目的，对砍伐的林木做出占有、变卖等处置；而毁坏林木则是因为开展施工、扩建、改造等活动，不处置被砍伐林木或主动归还林木所有权人。

本案中，某公司是因怕原有树木影响放线测量，而不是为了占有树木，并且某公司实施伐倒树木后，未对树木进行处置，而是把伐倒的树木在原地散放着。综上所述，某公司的行为构成毁坏林木。

**【观点概括】**盗伐林木是指以非法占有为目的，对砍伐的林木做出占有、变卖等处置；而毁坏林木则是因为开展施工、扩建、改造等活动砍伐林木，但对林木不做处置或是主动归还林木所有权人，不存在非法占有林木获取利益的行为。

## 5 剥皮致树木死亡如何处理

**【基本案情】**村民宋某某为了发展茶叶生产需要，借口迎春花树遮挡阳光影响茶树生长，于2019年5月擅自将本户所有、地处齐云山风景区规划的核心区林地范围内茶园里散生的迎春花树剥皮，欲致其死亡。经查，造成迎春花树毁坏15棵，立木蓄积量4.421立方米。

**【处理意见】**本案处理中，存在以下两种不同意见：

第一种意见认为，宋某某剥皮的迎春花树系本户所有散生在茶园里的林木，该茶园登记在农村土地承包经营权证上，宋某某的行为属于正常的农业生产管理行为,因此不属于违法行为。

第二种意见认为,迎春花树所在地虽登记为宋某某户农用地茶园里,但地处齐云山风景区规划的核心区林地范围内,未经林业主管部门许可擅自剥皮毁坏,应当按照毁坏林木行为给予行政处罚。

林业局采纳了第二种意见。

**【案件评析】**第二种意见是正确的。

本案的关键问题是,对宋某某的行为是正常的农业生产管理行为还是毁坏林木的违法行为?

本案中,宋某某为了发展茶叶生产需要,以迎春树遮挡阳光影响茶树生长为由,擅自将本户茶园里散生属本户栽植并所有的迎春花树剥皮,欲致其死亡,造成林木严重毁坏。其毁坏林木的所在地虽登记为本户农用地,但地处齐云山风景名胜区规划的核心区林地范围,其毁坏的林木也并非农村居民自留地和房前屋后个人所有的零星林木,其行为在主观方面表现为故意,违反了原《森林法》第二十三条第一款有关禁止毁林和第三十二条采伐林木必须申请采伐许可证的规定,构成了毁坏林木违法行为。

**【观点概括】**属于未经依法批准或者违反批准的内容以及违反操作技术规程,进行开垦、采石、采砂、采土、采种、采脂、挖笋、掘根、剥树皮及过度修枝等活动,致使林木受到毁坏的情形,构成毁坏林木违法行为。

## 6 电力公司未办理林木采伐许可手续砍伐毁坏林木是否构成毁坏林木行为

**【基本案情】**2019年5月,某电力公司在未办理林木采伐许可手续的情况下,擅自派工人用油锯砍伐6号电塔和7号电塔之间的山地上的林木共132株,树木均在离地约40厘米的高度被砍伐,遗留伐桩根径20~30厘米不等,砍伐毁坏的树木树干遗留在现场。

经鉴定，被毁坏林木蓄积量 7.8424 立方米，折合材积 4.8808 立方米，林木价值 1952.3 元。

**【处理意见】** 在案件处理过程中，存在两种不同意见：

第一种意见认为，林木种植生长应该避开高压线路，避免妨害电力设施安全。电力企业自行对妨害供电线路安全的树木进行清理的行为，消除了安全隐患，是正当的，不应该对其进行处罚。

第二种意见认为，在未到林业主管部门办理林木采伐手续和未依法划定电力设施保护区的前提下，电力企业以树木妨碍电力安全为由砍伐、毁坏树木，没有法律依据，应当依据原《森林法》第四十四条之规定，对其进行行政处罚。

办案机关采纳了第二种意见。依据原《森林法》第四十四条第一款规定，对某电力公司作出补种毁坏株数 2 倍的树木（共 264 株），并处毁坏林木价值 3 倍的罚款（共计 5856.9 元）的行政处罚。

**【案件评析】** 办案机关的处理是正确的。

根据原《森林法》规定，林木采伐许可证是采伐林木的合法凭证，是林业主管部门依法监督检查林木采伐活动的重要手段，是为了维护整个社会的公共利益。原《森林法》第三十二条第一款规定："采伐林木必须申请采伐许可证，按许可证的规定进行采伐；农村居民采伐自留地和房前屋后个人所有的零星林木除外。"所以，采伐林木必须申请采伐许可证，并按许可证的规定采伐。电力公司虽然依据《中华人民共和国电力法》（以下简称《电力法》）对线路进行维护，但并未经申请而砍伐林木，违反了《森林法》。

近年来，电力部门架设高压线、检修线路过程中涉及林木采伐的情况较多。在采伐林木的过程中，如何处理好《森林法》和《电力法》的关系，是林业主管部门在执法办案过程中经常遇到的问题。《电力设施保护条例实施细则》第十八条规定，"在依法划定的电力设施保护区内，任何单位和个人不得种植危及电力设施安全的树木、竹子或高杆植物；电力企业对已划定的电力设施保护区域内新种植或自然生长的可能危及电力设施安全的树木、竹子，应当予以砍伐，并不予支付林木补偿费、林地补偿费、植被恢复费等任何费用。"

电力企业采伐可能危及电力设施安全的林木应具备以下两个要件：

一是林木必须在依法划定的电力设施保护区内。依据《电力设施保护条例》第二十四条的规定，电力设施保护区必须是"依法划定"。按照《电力法》第五十三条、《电力设施保护条例实施细则》第十六的规定，"依法划定"应具备的条件：①架空电力线路建设单位按国家的规定办理手续和付给树木所有者一次性补偿费用；②与其签订不再在通道内种植树木的协议；③电力设施保护区设立标志。其中有任何一个条件不具备的，不能视为"依法划定的电力设施保护区"。

二是采伐林木必须是可能危及电力设施安全的林木。依照《电力设施保护条例》第二十四条的规定，电力企业需要采伐的是可能危及电力设施安全的林木，按照《电力设施保护条例实施细则》第十六条规定，220千伏以下的架空电力线路导线在最大弧垂或最大风偏后与树木之前的安全距离为4.5米，也即只要距离超过4.5米即为安全。同时，按照《电力设施保护条例》第二十四条的规定，电力企业在排除林木妨碍时，除砍伐之外，还可以"予以修剪"而不是必须砍伐。

本案中，电力公司未同相关主体就擅自砍伐毁坏的林木地段签订林木补偿协议和不再在通道内种植树木的协议，也未到林业主管部门办理林木采伐许可手续。因此，不能视为依法划定的电力设施保护区。电力公司未办理采伐许可证擅自砍伐毁坏林木，应依据原《森林法》第四十四条的规定对其进行处罚。

该案中暴露出的电力公司在线路管护中存在的普遍问题应引起重视，即在对电力设施保护区内的植物进行清查时，未办理采伐许可证便进行修剪或砍伐。产生该问题的根源是电力公司对《电力法》的错误理解。

【观点概括】根据《电力法》第五十三条、《电力设施保护条例》第二十四条规定,在依法划定的电力设施保护区内种植的或自然生长的可能危及电力设施安全的树木、竹子,电力企业应依法予以修剪或砍伐。此处的"依法"不应当狭义的理解为仅依据《电力法》,而应当包含国家其他法律规定。否则,电力公司的排除危害行为将违法。

## 7 如何界定盗伐林木和毁坏林木

【基本案情】罗某于2019年4月1~2日,以房屋安全为由,擅自砍伐集体所有的其厂房后面周围山边林地上的树木15株,树种为桉树,被砍伐的树木仍然整株横放在现场。经鉴定,砍伐蓄积量1.01立方米,折合材积0.6363立方米,林种为水源涵养林。

【处理意见】在案件处理过程中,存在两种不同意见:

第一种意见认为,应当按照盗伐林木的行为对罗某进行处罚。罗某未经县级以上林业行政主管部门办理林木采伐许可证,砍伐集体所有的林木,不管其砍伐的目的是什么,其主观是故意的,客观上实施了砍伐林木的行为。

第二种意见认为,应当按照毁坏林木的行为对罗某进行处罚。罗某砍伐林木的行为,从表面上看是盗伐林木的违法行为,实质上实施的是毁坏林木的违法行为。其最大的不同就是罗某砍伐林木的目的是为了房屋的安全,没有非法占有的故意,从现场被砍伐的树木就明显可以看出其砍伐的目的。

办案机关采纳了第二种意见。

【案件评析】办案机关的处理是正确的。

盗伐林木行为应当具有以下四个特征:①在客体上,该行为侵犯的是国家的森林资源保护管理制度和国家、集体和他人的林木所有权。②在客观方面实施了盗伐林木的行为。③在主观方面表现为故意,即明知林木不归本人或者本单位所有,而以非法占有为目的,故意采伐。④在主体上是一般主体。

本案中,罗某砍伐林木的违法行为看似完全符合盗伐林木的违法行为,但在主观方面则没有以非法占有为目的,其砍伐的原因就是为了房屋的安全,怕雨天树折断后压坏厂房。这一点从现场被砍伐的树木仍然整株横放在山上就可以看出,加上罗某本人的陈述也可以证明其砍伐林木的目的就是为了房屋的安全,不是为了占有这些林木。

最终,办案机关以毁坏林木的违法行为,对罗某实施了林业行政处罚。

【观点概括】本案最后定性的关键是违法行为人主观上是否以非法占有为目的,以非法占有为目的是盗伐林木,不以非法占有为目的是毁坏林木。

## 8 开垦火烧迹地种植中药材应如何处理

【基本案情】2017年6月,某县林业局接到电话举报,某县某镇村民原某某在村集体的过火林地内平整土地,种植中药材。经查,原某某和村委会达成协议,在村集体的火烧迹地内,将灌木、荒草清除,平整土地种植了连翘等中药材。经林业技术人员现场鉴定,平整林地面积4020平方米,折合6.03亩。

【处理意见】在案件处理过程中,存在三种不同意见:

第一种意见认为,原某某未经林业主管部门批准,私自将火烧迹地开垦种植中药材,属于擅自改变林地用途行为,应依据《森林法实施条例》第四十三条规定,"责令限期恢复原状,并处非法改变用途林地每平方米10元至30元的罚款。"

第二种意见认为,原某某在火烧迹地内种植中药材,对林地破坏性不大，且种植中药材也是在火烧迹地内恢复植被，可以不予处罚。

第三种意见认为，原某某未经林业主管部门批准，私自将林地开垦种植中药材，属于毁林开垦行为，应依据《森林法实施条例》第四十一条第二款的规定，"责令停止违法行为，限期恢复原状，可以处非法开垦的林地每平方米10元以下罚款。"

县林业局采纳了第三种意见，对原某某进行了林业行政处罚。

**【案件评析】**县林业局以毁林开垦定性是恰当的，但村委会应作为共同违法行为人处理。

本案的关键问题在于私自开垦火烧迹地种植中药材的行为性质如何认定，即属于擅自改变林地用途行为还是毁林开垦行为。

毁林开垦，是指不以占有林木为主要目的，通过将林木毁坏，把林地开垦为可以种植其他农作物的土地。特征：①一般实施两个违法行为，一是违法毁坏树木，二是违法开垦林地。毁坏树木是手段，开垦林地是目的。②当事人主要是要利用林地，将林地开垦为种植农作物的土地。

擅自改变林地用途，是指行为人未经林业主管部门审核同意，擅自将林地改变为建设用地的行为，譬如修路、建房、建窑、堆放、排泄废弃物等，且未达到刑事案件立案标准，以擅自改变林地用途行为进行处罚。

本案中，原某某开垦火烧迹地，虽然火烧迹地植被稀少，但仍属于林业用地范畴，任何单位和个人无权擅自改变利用方向。其用于种植农作物，并未在林地上修筑难以恢复植被的工程设施，开垦后的林地仍属农用地的范畴，这是毁林开垦行为与擅自改变林地用途行为的主要区别之一。因此，认为原某某的行为属擅自改变林地用途是不准确的，应当认定其行为属毁林开垦行为。

本案不足之处，原某某和村委会达成将林地种植连翘等中药材的协议，村委会应作为共同违法行为人处理。

【观点概括】非法开垦行为与非法改变林地用途行为的主要区别在于行为人是将林业用地开垦为其他农用地，还是将林业用地变为建设用地，只有将林地变为建设用地的，才能认定构成擅自改变林地用途的行为。违法行为有共同违法行为人的应一并立案处理。

【特别说明】2020年7月1日施行的《森林法》第七十四条规定，"违反本法规定，进行开垦、采石、采砂、采土或者其他活动，造成林木毁坏的，由县级以上人民政府林业主管部门责令停止违法行为，限期在原地或者异地补种毁坏株数一倍以上三倍以下的树木，可以处毁坏林木价值五倍以下的罚款；造成林地毁坏的，由县级以上人民政府林业主管部门责令停止违法行为，限期恢复植被和林业生产条件，可以处恢复植被和林业生产条件所需费用三倍以下的罚款。"该条是由原《森林法》第四十四条和《森林法实施条例》第四十一条修订而来，修改的主要内容：一是补充了因开垦、采石、采砂、采土或者其他活动毁坏林地的法律责任，使新《森林法》第七十四条不仅仅是针对因违法行为致使森林、林木受到毁坏的处罚，还包括林地上没有森林、林木或者未毁坏森林、林木但林地造成毁坏的处罚；二是规定造成林地毁坏的违法者应当"恢复植被和林业生产条件"而不再是"恢复原状"；三是造成林地毁坏的，由按面积计算罚款金额修改为按恢复费用计算罚款金额。

## 9 擅自开垦林地并非法毁坏该林地上的林木如何处理

【基本案情】2019年10月，某县森林公安局民警在日常巡逻中发现，某市某园林绿化有限公司工人在善厚镇半月湖西边"大角山"擅自开垦林地。经查，2012年4月，某市某园林绿化有限公司法定代表人曹某与善厚镇某村委会签订农村土地承包经营合同，承包该村范围内的土地及集体山场进行农业、林业及相关产业经营。2019

年10月，曹某在未向某县林业局提交林业更新采伐作业设计报告的情况下，安排工人擅自在善厚镇半月湖西边"大角山"开垦林地，并擅自砍伐该林地上的林木用于出售。

【处理意见】在案件处理过程中，存在两种不同意见：

第一种意见认为，曹某未经审批擅自开垦林地用于种植农作物，没有达到刑事案件立案标准，应按《森林法实施条例》第四十一条第二款的规定，"责令停止违法行为，限期恢复原状，可以处非法开垦林地每平方米10元以下的罚款。"

第二种意见认为，曹某擅自开垦林地并非法砍伐该林地上的林木出售，除按《森林法实施条例》第四十一条第二款的规定处理外，还应按《森林法实施条例》第三十九条第一款的规定，"责令补种滥伐株数5倍的树木，并处滥伐林木价值2倍至3倍的罚款。"

县森林公安局采纳第一种意见，按《森林法实施条例》第四十一条第二款的规定，责令曹某停止违法行为，限期2个月内恢复原状，并处非法改变用途林地每平方米8元面积为4255平方米（6.38亩）的罚款共计34040元。

【案件评析】县森林公安局的处理是正确的。

本案的关键问题是，对曹某的处罚应当如何适用法律的规定。

本案中，曹某非法开垦林地，应当依照《森林法实施条例》第四十一条第二款的规定，"由县级以上人民政府林业主管部门责令停止违法行为，限期恢复原状，可以处非法开垦林地每平方米10元以下的罚款。"

同时，由于曹某非法毁坏该林地上的杂树15棵、材积1.8立方米，此种行为构成滥伐林木，立木材积计算不足2立方米或者幼树不足50株，应当适用《森林法实施条例》第三十九条第一款之规定，"由县级以上人民政府林业主管部门责令补种滥伐株数5倍的树木，并处滥伐林木价值2倍至3倍的罚款。"

但是，曹某擅自开垦林地的行为与滥伐林木的行为是同一违法行为产生的两种后果。根据《行政处罚法》第二十四条的规定,"对当事人的同一个违法行为,不得给予两次以上罚款的行政处罚。"因此,不能既对擅自开垦林地的行为给予罚款也对滥伐林木的行为给予罚款,二者只能择其重者进行处罚。本案中,适用《森林法实施条例》第四十一条第二款的规定,对曹某擅自开垦林地的行为进行处罚,比适用《森林法实施条例》第三十九条第一款的规定对曹某滥伐林木的行为进行处罚要重,所以,县森林公安局选择适用《森林法实施条例》第四十一条第二款的规定对曹某擅自开垦林地的行为进行处罚是正确的。

【观点概括】对同一违法行为不能给予两次以上的罚款。擅自开垦林地的行为通常伴有盗伐、滥伐或者毁坏林木的行为发生,涉及同一部法律的两个法条,应当按照法条竞合和一事不再罚原则,择其重者进行处罚。

【特别说明】2020年7月1日施行的新《森林法》第七十四条规定,"违反本法规定,进行开垦、采石、采砂、采土或者其他活动,造成林地毁坏的,由县级以上人民政府林业主管部门责令停止违法行为,限期恢复植被和林业生产条件,可以处恢复植被和林业生产条件所需费用三倍以下的罚款。"县级以上地方人民政府林业主管部门应当准确核算恢复植被和林业生产条件所需费用,作为决定罚款数额的依据。

## 10 违法开垦林地两年以后被发现应如何处理

【基本案情】2015年6月,农民王某违法开垦5300平方米林地违法行为被发现,经调查得知该林地是王某于2012年11月擅自开垦的,此林地为商品林荒地,已经种植了两年玉米。

【处理意见】对王某违法开垦林地的处理,有两种不同意见:

第一种意见认为,王某违法开垦林地行为已过两年,按照《行政处罚法》第二十九条规定,"违法行为在二年内未被发现的,不再给予行政处罚。"因此不应再对王某进行行政处罚。

第二种意见认为,王某开垦林地并种植两年农作物,直至案发,没有恢复林业生产条件且继续种植,不能算行为终止。这个案件没有过两年处罚时效,应当对王某以擅自开垦林地进行处罚。

经县林业局研究决定,按照《森林法实施条例》第四十一条第二款规定,对违法人王某作出如下行政处罚:①责令王某立即停止非法开垦林地的行为,恢复林地植被;②处以每平方米10元的罚款。

【案件评析】县林业局对王某的处罚是正确的。

本案的关键问题在于王某违法开垦林地行为是否已经过两年处罚时效。《国家林业和草原局关于非法占用林地行为追诉时效的复函》(林办发〔2018〕99号)函复:非法占用林地的违法行为,在未恢复原状之前,应视为具有继续状态,其行政处罚的追诉时效,应当根据《行政处罚法》第二十九条的规定,从违法行为终了之日起计算。

根据《行政处罚法》第二十九条规定,违法行为在两年内未被发现不再给予行政处罚的期限,从违法行为发生之日起计算;违法行为有连续或者继续状态的,从行为终了之日起计算。王某开垦林地并种植两年农作物,并没有恢复林业生产条件,其非法开垦林地行为一直处于继续状态没有终了,因此王某违法开垦林地行为并未过处罚时效。

【观点概括】违法行为在两年内未被发现不再给予行政处罚的期限,从违法行为发生之日起计算,但是违法行为有连续或者继续状态的,应从行为终了之日起计算。

## 11 在本人承包林地上种植三七应该如何定性

【基本案情】2019年5月22日,某县林业和草原局接到该县某街生态环境服务中心举报,发现有人在该县某村小组对门后山林地上种植三七。经依法查明，村民王某于 2017 年 12 月 26 日至今，在未经林业主管部门同意的情况下，擅自在本村小组对门后山已经取得林地使用权并办理林权证的林地上种植农作物三七，该林地在开垦种植三七以前栽植的桃树已死亡。经林业和草原局技术人员鉴定，其擅自开垦林地面积为 2658 平方米（3.99 亩）。

**【处理意见】**在案件处理过程中，存在两种不同意见：

第一种意见认为，王某未经林业主管部门允许的情况下，擅自在该县某村小组对门后山林地上种植三七，王某林地上没有建设工程或者改为建设用地，所以王某的行为未构成擅自改变林地用途，而是擅自开垦林地。违反原《森林法》第二十三条的规定，依据《森林法实施条例》第四十一条第二款的规定，责令王某停止违法行为，限期恢复原状，可以处非法开垦林地每平方米 10 元以下的罚款。

第二种意见认为，王某擅自在自己承包的林地上种植三七，虽然没有建设工程和改为建设用地，但根据原《森林法》第十五条规定，"依法转让的林地可以依法作价入股或作为合资、合作造林、经营林木的出资、合作条件，但不得将林地改为非林地。"王某种植三七的行为已经将林地改为非林地，构成擅自改变林地用途，应按《森林法实施条例》第四十三条的规定，责令王某恢复原状，并处非法改变用途林地每平方米 10~30 元的罚款。

该县林业和草原局采纳第一种意见，按《森林法实施条例》第四十一条第二款的规定，责令王某于 2019 年 12 月底前恢复原状，处以擅自开垦林地每平方米 2 元，共计 5316 元的罚款。

**【案件评析】**该县林业和草原局的处理是正确的。

本案的关键问题是，对王某的定性是否准确。王某擅自在自己承包的林地上种植三七，属于擅自开垦林地。本案适用《森林法实施条例》第四十一条第二款的规定对王某擅自开垦林地的行为进行处罚，比适用《森林法实施条例》第四十三条第一款的规定对王某以擅自改变林地用途的行为进行处罚更为精准。

**【观点概括】** 在承包的国有林地或者集体林地上没有建设工程或者改为建设用地,而是将林地改种其他农作物,其行为未构成擅自改变林地用途,而是擅自开垦林地。

## 12 非法取土致林地破坏如何处理

**【基本案情】** 2020年3月,某区林业局在开展森林督查工作中,发现某区某村为解决5社老百姓出行问题,于2017年由当地老百姓出工出劳,集资修建了公路路基1公里左右。2018年某区交通局批复该公路为四好农村公路(扶贫公路),补助55万元,某镇某村采取一事一议解决资金20万元,因当时路基太软达不到要求,就在某镇某村5社小地名叫石坝子大土的地方取页岩来换填路基,破坏林地733平方米,毁坏林木49株,立木材积0.93立方米。

**【处理意见】** 在案件处理过程中,存在两种不同意见:

第一种意见认为,某镇某村擅自取土回填公路路基,破坏了林地,且损坏林木49株,但未改变林地用途,应按原《森林法》第四十四条的规定,"责令停止违法行为,补种毁坏株数一倍以上三倍以下的树木,可以处毁坏林木价值一倍以上五倍以下的罚款。"

第二种意见认为,某镇某村擅自取土回填公路路基,破坏了林地,且使该处林地基本上丧失了种植条件,认为是擅自改变了林地用途,由于没有达到刑事立案标准,应按《森林法实施条例》第四十三条的规定,"责令限期恢复原状,并处非法改变用途林地每平方米10元至30元的罚款。"

某区林业局采纳第一种意见,按原《森林法》第四十四条的规定,责令某镇某村停止违法行为,补种树木147株。

**【案件评析】** 某区林业局的处理意见是正确的。

本案的关键问题是,对某镇某社区的处罚应该认定是擅自改变林地用途行为还是毁坏森林、林木行为。

本案中，某镇某村未在林业主管部门办理临时占用林地手续，擅自取土回填公路路基破坏了林地、毁坏了林木，违反了原《森林法》第四十四条第一款之规定。区林业局认为，无证据表明取土后该处林地丧失了种植条件，结合村民在林地中取土修公路是为打赢脱贫攻坚战，早日实现农村脱贫致富，故未对某镇某村处毁坏林木价值1倍以上5倍以下的罚款，依法作出责令某镇某村停止违法行为，补种毁树木147株的处罚。

**【观点概括】**认定是擅自改变林地用途行为还是毁坏林木行为，要根据具体情况具体分析。未经批准，擅自将林地改变为建设用地，以擅自改变林地用途行为进行处罚；未经批准，擅自在林地内取土，造成林木毁坏，以擅自取土造成林木毁坏行为进行处罚。

## 13 河道采沙致使林地植被毁坏如何处理

**【基本案情】**2020年7月19日，郭某某在某市五龙口镇牛王滩附近河流沿岸的无林地内用挖掘机破坏植被挖取沙石，致使320平方米无林地被毁坏。

**【处理意见】**对郭某某毁坏无林地行为有三种不同意见：

第一种意见认为，郭某某进行采沙活动造成无林地植被毁坏的行为如何处罚，在《森林法》《森林法实施条例》中没有明确规定，因此，根据处罚法定原则，对谢某的行为不予处罚。

第二种意见认为，郭某某进行采沙活动造成无林地毁坏的行为在《森林法》《森林法实施条例》中虽然没有明确规定，但是可以比照《森林法实施条例》第四十一条第二款有关擅自开垦林地的规定对郭某某作出责令停止违法行为，限期恢复原状，可以处以非法开垦林地每平方米10元以下的罚款。

第三种意见认为，郭某某进行采沙活动造成无林地植被毁坏的行为发生在新《森林法》实施后，应当按照新《森林法》第七十四条第一款造成林地毁坏的规定对郭某某作出限期恢复植被和林业生产条件,可以处恢复植被和林业生产条件所需费用3倍以下的罚款。

示范区林业局根据第二种意见,认定郭某某的行为属于在林地上进行采沙活动,造成林地被毁坏,按照新《森林法》第七十四条第一款的规定对郭某某作出限期恢复植被和林业生产条件,可以处恢复植被和林业生产条件所需费用3倍以下的罚款。由于新《森林法实施条例》尚未出台,罚款所需费用尚未明确,裁量标准不明确,只对郭某某作出限期恢复植被和林业生产条件的行政处罚。

【案件评析】示范区林业局的处理比较合理。

(1)《行政处罚法》第三条规定,"公民、法人或者其他组织违反行政管理秩序的行为,应当给予行政处罚的,依照本法由法律、法规或者规章规定,并由行政机关依照本法规定的程序实施";没有法定依据或者不遵守法定程序的,行政处罚无效。这是关于处罚法定原则的规定。因此,对当事人的违法行为,应当按照有关法律、法规或者规章的具体规定进行处罚,对于没有处罚依据的行为不能比照相关规定进行处罚。对于郭某某进行采沙活动造成无林地植被毁坏的行为如何处罚,应按照《森林法》及各项林业法律规定处罚。

(2)《森林法》第三十九条第一款规定,"禁止毁林开垦、采石、采砂、采土以及其他毁林林木和林地的行为。"《森林法》第七十四条第一款规定,"违反本法规定,进行开垦、采石、采砂、采土或者其他活动,造成林木毁坏的,由县级以上人民政府林业主管部门责令停止违法行为,限期在原地或者异地补种毁坏株数一倍以上三倍以下的树木,可以处毁坏林木价值五倍以下的罚款;造成林地毁坏的,由县级以上人民政府林业主管部门责令停止违法行为,限期恢复植被和林业生产条件,可以处恢复植被和林业生产条件所需费用三倍以下的罚款。"本案中,郭某某未经林业主管部门审核同意,在示范区林业局林区范围内河流沿岸的无林地内用挖掘机破坏植被取沙,致使320平方米无林地植被被毁坏,应当依照新《森林法》第七十四条第一款的规定处罚。

【观点概括】新《森林法》自2020年7月1日起施行,违法行为发生在新法施行后,且违法行为在新《森林法》中能找到处罚依据,应当按照新《森林法》的相关规定给予处罚。

## 14 如何区分擅自开垦林地与擅自改变林地用途

【基本案情】2020年3月25日,有人擅自将国有林地开垦为农用地。经调查,违法行为人朱某擅自开垦林地400平方米,准备种植农作物,林地内没有造成林木毁坏。

【处理意见】在本案的办理过程中,对朱某开垦林地的案件定性出现了两种不同意见:

第一种意见认为,朱某擅自将林地开垦为其他农用地,应定性为擅自开垦林地行为。

第二种意见认为,朱某擅自将林地开垦为其他农用地,应定性为擅自改变林地用途行为。

当地林草部门对朱某认定为擅自开垦林地,并进行了林业行政处罚。

【案件评析】认定朱某擅自开垦林地是正确的。

本案的关键问题在于,朱某某开垦林地的行为应当如何定性,是开垦林地行为还是擅自改变林地用途行为。

擅自开垦林地,是指不以占有林木为主要目的,通过占用林地,把林地开垦为可以种植其他农作物的土地。特征:①擅自开垦一般实施两个违法行为,一是占用林地,二是违法开垦林地。占地是手段,开垦林地是目的。②要利用林地,将林地开垦为种植其他农作物的土地。擅自在林地内进行开垦、种植农作物,将林地改变为其他农用地没有造成林木损害,且开垦面积未达到刑事立案标准的，依照《森林法实施条例》第四十一条第二款的规定以擅自开垦林地行为进行处罚。

擅自改变林地用途，是指行为人未经林业主管部门审核同意，擅自将林地改变为建设用地的行为，譬如修路、建房、建窑、堆放、排泄废弃物等，未达到刑事案件标准，以擅自改变林地用途行为进行处罚。

因此，处理一般的擅自开垦林地行为，未造成林木毁坏的，且未达到刑事立案标准的，应适用《森林法实施条例》第四十一条第二款规定，"对森林、林木未造成毁坏或者被开垦的林地上没有森林、林木的，由县级以上人民政府林业主管部门责令停止违法行为，限期恢复原状，可以处非法开垦林地每平方米10元以下的罚款。"不适用《森林法实施条例》第四十三条第一款"未经县级以上人民政府林业主管部门审核同意，擅自改变林地用途的，由县级以上人民政府林业主管部门责令限期恢复原状，并处非法改变用途林地每平方米10元至30元的罚款。"如果造成林地的原有植被或林业种植条件严重毁坏，毁林开垦面积达到刑事立案标准，则适用《最高人民法院关于审理破坏林地资源刑事案件具体应用法律若干问题的解释》（法释〔2005〕15号）的规定，以非法占用农用地罪追究刑事责任。

本案中朱某擅自将林地开垦成种植农作物的土地，没有造成林木毁坏，其开垦林地的面积未达到刑事立案标准，由此可见，其行为已构成擅自开垦林地的行为，应当根据《森林法实施条例》第四十一条第二款的规定给予处罚：由林业主管部门责令停止违法行为，限期恢复原状，可以并处非法开垦林地每平方米10元以下的罚款。

【观点概括】未经批准，擅自将林地改变为建设用地，未达到刑事立案标准，以擅自改变林地用途行为进行处罚；擅自在林地内进行开垦种植农作物，没有造成林地毁坏，将林地改变为其他农用地，开垦面积未达到刑事立案标准，以擅自开垦林地进行处罚。

【特别说明】2020年7月1日施行的《森林法》第七十四条规

定:"违反本法规定,进行开垦、采石、采砂、采土或者其他活动,造成林木毁坏的,由县级以上人民政府林业主管部门责令停止违法行为,限期在原地或者异地补种毁坏株数一倍以上三倍以下的树木,可以处毁坏林木价值五倍以下的罚款;造成林地毁坏的,由县级以上人民政府林业主管部门责令停止违法行为,限期恢复植被和林业生产条件,可以处恢复植被和林业生产条件所需费用三倍以下的罚款。"该条是由原《森林法》第四十四条和《森林法实施条例》第四十一条修订而来,修改的主要内容:一是补充了因开垦、采石、采砂、采土或者其他活动毁坏林地的法律责任,使新《森林法》第七十四条不仅仅是针对因违法行为致使森林、林木受到毁坏的处罚,还包括林地上没有森林、林木或者未毁坏森林、林木但林地造成毁坏的处罚;二是规定造成林地毁坏的违法者应当"恢复植被和林业生产条件"而不再是"恢复原状";三是造成林地毁坏的,由按面积计算罚款金额修改为按恢复费用计算罚款金额。

## 15 个人所有的树木被剥树皮,尚未致树木死亡的情形如何处理

**【基本案情】** 村民麻某在未办理林木采伐许可证的情况下,以清理林地种树为由,于2020年7月初将其承包林地上的12株其他阔叶树进行环割树皮,树木未死亡。经查这12株被环割树皮的其他阔叶立木蓄积量为3.1立方米。

**【处理意见】** 本案处理中,存在两种不同意见:

第一种意见认为,麻某环割树皮的行为,虽然现在林木还站立未死亡,一段时间后必然会致树木死亡。麻某能够提供林权证,没有以非法占有为目的,不构成盗伐林木,没有办理过林木采伐许可证,构成滥伐林木,应当按照滥伐林木给予行政处罚。

第二种意见认为,麻某环割树皮的行为,尚未致树木死亡,麻

某能够提供林权证,没有以非法占有为目的,不构成盗伐林木,没有办理过林木采伐许可证,但不构成滥伐林木,应当按照毁坏林木给予行政处罚。

当地林业和草原局采纳了第二种意见。

【案件评析】第二种意见是正确的。

处理本案的关键是要弄清楚滥伐林木和毁坏林木两种违法行为的定性。滥伐林木行为具有以下几个特征:①在客体上,该行为侵犯的是国家的森林资源保护管理制度。根据新《森林法》规定,除了采伐自然保护区以外的竹林、农村居民采伐自留地和房前屋后个人所有的零星林木外,采伐林地上的林木必须申请林木采伐许可证,按采伐许可证的规定进行采伐。②在客观方面未经林业主管部门及法律规定的其他主管部门批准并核发林木采伐许可证,或者虽持有采伐许可证,但违反采伐许可证规定的时间、数量、树种或者方式,任意采伐林地上本单位所有或者本人所有的林木。③超过采伐许可证规定的数量采伐他人所有的林木,以及林木权属争议一方在林木权属确权之前,擅自采伐林地上的林木[1]。麻某环割树皮的行为,是为了使树木因养分供应不足自然死亡。因树木尚未死亡,显然无法认定是违法采伐行为,就不能构成滥伐林木。毁坏林木是指违反《森林法》规定,未经依法批准或者违反批准的内容以及违反操作技术规程,进行开垦、采石、采砂、采土、采种、采脂、挖笋、掘根、剥树皮及过度修枝等活动,致使森林、林木受到毁坏的情形。因此,麻某的行为构成了毁坏林木行政违法行为。

【观点概括】因麻某环割树皮的树木属个人承包林地上的树木,剥树皮的行为没有经过林业主管批准,树木虽受到毁坏但尚未死亡,构成毁坏林木行为。

---

[1] 参见《国家林业和草原局关于印发修订后的〈林业和草原行政案件类型规定〉的通知》(林稽发〔2020〕118号)。

# 第四章

# 违法使用林地案件

# 第四章
## 违法使用林地案件

## 1 经村委会同意占用林地修建村生活垃圾回收点是否构成擅自改变林地用途

**【基本案情】** 2017年11月,村民吴某未经县级以上林业主管部门批准,擅自雇请挖掘机在村集体林地挖山平整土地。经调查,开挖林地面积100平方米,目的是修建村生活垃圾回收点。

**【处理意见】** 在案件处理过程中,存在两种不同意见:

第一种意见认为,吴某挖山平整林地,目的是修建村生活垃圾回收点,其行为是为了村里公益事业,而且已经得到了村委会同意,不构成违法。

第二种意见认为,吴某挖山平整林地,修建生活垃圾回收点,虽得到村委会的同意,但是根据原《森林法》第十八条规定,占用林地行为应当经过县级以上人民政府林业主管部门审核同意,并依法办理建设用地审批手续。

县林业局采纳了第二种意见,将吴某的行为定性为擅自改变林地用途,并按《森林法实施条例》第四十三条第一款的规定,对吴某作出林业行政处罚。

**【案件评析】** 县林业局的处理是正确的。

本案的关键问题是,村民占用林地建设公益工程且面积不大,并且已经村委会同意,是否还需要经县级以上林业主管部门审核,并依照有关土地管理的法律、行政法规办理建设用地审批手续。

根据原《森林法》第十八条规定:"进行勘查、开采矿藏和各项建设工程,应当不占或者少占林地;必须占用或者征收、征用林地的,经县级以上人民政府林业主管部门审核同意后,依照有关土地管理的法律、行政法规办理建设用地审批手续,并由用地单位依照国务院有关规定缴纳森林植被恢复费。"

本案中,垃圾回收点属于永久性建筑物,吴某在林地上建设垃垃圾回收点,已造成原有植被毁坏,不论面积大小,都属于擅自改变林地用途行为。占用林地需经县级以上人民政府林业主管部门审核同意,村委会无权审批林地使用,村委会的同意无权代替林业行政主管部门对林地实施行政管理的行政许可行为。同时,按照《森林法》规定,在林业主管部门审核同意后,还需依照有关土地管理的法律、行政法规办理建设用地审批手续。

【观点概论】进行勘查、开采矿藏和各项建设工程,应当不占或者少占林地;必须占用或者征收、征用林地的,经县级以上人民政府林业主管部门审核同意后,依照有关土地管理的法律、行政法规办理建设用地审批手续。

【特别说明】

2020年7月1日实施的新《森林法》第三十七条规定:"矿藏勘查、开采以及其他各类工程建设,应当不占或者少占林地;确需占用林地的,应当经县级以上人民政府林业主管部门审核同意,依法办理建设用地审批手续。"该条将原《森林法》第十八条中的"征收、征用"予以删除,因为林业主管部门对使用林地审核同意并不能起到集体林地转变为国有林地的效果,征收、征用应当依据《中华人民共和国土地管理法》(以下简称《土地管理法》)办理。

## 2 盖山弃土堆放在矿区红线内未办理林地使用手续的林地上该如何处理

【基本案情】本地某石材矿山企业在开采矿区红线内石材时,因开采需要将矿山表面盖山弃土堆放在矿区红线内未办理林地使用手续的林地上。2018年11月15日,经万盛经开区农林局林业工程师现场测量,该部分占用林地面积为595平方米。

【处理意见】本案处理中,存在以下三种不同意见:

第一种意见认为,该石材矿山堆放盖山弃土的位置在矿区红线范围内，没有超过红线堆放，这属于矿山企业的自身管理范围，不属于违法行为。

第二种意见认为，该石材矿山堆放盖山弃土在矿区红线范围内，虽然堆放在林地上，但该区域迟早也要进行开采，这是时间的早晚问题，不影响后续结果，所以不应处罚。

第三种意见认为，该石材矿山企业的行为已经构成擅自改变林地用途，应当按照擅自改变林地用途给予行政处罚。

区农林局采纳了第三种意见。

**【案件评析】**区农林局对某企业按照擅自改变林地用途给予行政处罚是正确的。

本案中，该石材矿山企业虽然堆放盖山弃土的位置属于其矿山红线范围内，但是该范围内土地性质仍然属于林地，且未经县级以上林业主管部门审核同意使用。矿山企业在县级以上林业主管部门审核同意前使用该林地，均属于擅自改变林地用途违法行为，因该企业尚未达到《最高人民法院关于审理破坏林地资源刑事案件具体应用法律若干问题的解释》（法释〔2005〕15号）中规定的"非法占用并毁坏防护林地、特种用途林地数量分别或者合计达到五亩以上；非法占用并毁坏其他林地数量达到十亩以上"刑事案件立案标准。因此，该企业行为构成擅自改变林地用途行政违法行为。

**【观点概括】**建设项目使用林地，是指在林地上建造永久性、临时性的建筑物、构筑物，以及其他改变林地用途的建设行为。凡进行林地建设使用前，用地单位或者个人应当向林地所在地的县级人民政府林业主管部门提出申请，在办理使用林地审核同意书后，严格按照林地审核同意书相关要求进行建设使用。

## 3 因工程建设在林地上倾倒大量弃土应如何定性

**【基本案情】**2019年5月，某县林业局根据群众反映线索，对该县某村土名"山坑子"林地上弃土行为进行实地核查。经查实，余某未经县级以上人民政府林业主管部门审核同意，自2018年3月以来，多次将工业园区建设工程弃土倾倒在该村土名"山坑子"林地上，改变了林地原状和用途；该"山坑子"林地所有权为村集体所有，列入县林地保护利用规划范围。经技术部门勘测，弃土前为采伐迹地，弃土后林地上为石块等废弃物，林业种植条件已遭受破坏，弃土破坏林地面积2400平方米。

【处理意见】本案处理中，存在两种不同意见：

第一种意见认为，余某弃土行为不构成擅自改变林地用途行为。

第二种意见认为，余某擅自在林地上弃土，实际上是将林地改变为非林业建设用途的行为，违反了原《森林法》第十八条第一款规定，构成擅自改变林地用途违法行为。

县林业局采纳了第二种意见，依据《森林法实施条例》第四十三条第一款的规定，责令余某于2019年11月14日前恢复林地原状，并处非法改变用途林地每平方米20元，共计48000元的罚款。余某按时缴纳了罚款，并于2019年9月申请办理了《使用林地审核同意书》，恢复林地原状终止。

【案件评析】近年来随着各项工程项目建设不断推进，产生了大量弃土，且可用于合法弃土场所数量少、容量小，导致非法倾倒弃土行为时有发生，改变了原有的地形地貌，致使林地、植被等资源和自然生态环境遭受破坏，同时也存在一定的安全隐患。本案中余某在园区建设过程中，将弃土即建设工程废弃物堆放在林地上，改变了林地原状，实际造成了林业种植条件的破坏。需要强调，政府发布的林地保护利用规划是国家实行土地用途管制制度的重要组成部分，余某未经林业主管部门审核同意，擅自将该林地作为建设工程废弃物堆放场所，严重违背了林地保护利用规划规定的林地用途，应当适用《森林法实施条例》规定，责令限期恢复原状，并处以罚款。

【观点概括】认定擅自改变林地用途，不仅要看林地和植被是否受到毁坏，还要依据政府林地保护利用规划规定的林地用途。

【特别说明】2020年7月1日施行的新《森林法》第七十三条对《森林法实施条例》第四十三条擅自改变林地用途的法律责任予以修订：一是将"责令限期恢复原状"修改为"责令限期恢复植被和林业生产条件"；二是将"并处非法改变用途林地每平方米10元至30元的罚款"修改为"可以处恢复植被和林业生产条件所需费用三倍以下的罚款"。

## 4 多人未经审核同意擅自改变林地用途如何处罚

【基本案情】某村村民吴某某、丁某某、陈某某三人于2010年购买乌石村原二组胡冲山场，2010年9月在未经有关部门的批准下，擅自占地修建拓宽道路用于运输木材（部分道路在原机耕路上面拓宽），全长1.5公里左右，宽度在2~3米。测绘报告载明：整个拓宽的道路占地5.532亩，其中占用林地面积为2.583亩。经调查从2010年至案发一直在使用，主要是运输木材、修建水利的水泥沙石、涵管等，另有农用机械出入进行农耕生产，致使道路难以恢复植被和林业生产条件。

本案受案时间是2020年7月18日，根据新修订的《森林法》第三十七条第一款和《行政处罚法》第二十九条第二款之规定，吴某某、丁某某、陈某某三人涉嫌擅自改变林地用途。根据《森林法》第七十三条第一款的规定给予该三人林业行政处罚：责令限期恢复植被和林业生产条件；处恢复植被和林业生产条件所需费用3倍的罚款。

【处理意见】本案处理中，对"处恢复植被和林业生产条件所需费用3倍的罚款"存在以下两种不同意见：

第一种意见认为,吴某某、丁某某、陈某某涉嫌非法擅自改变林地用途虽属于同一个违法行为,但应分别承担,应当对该三人分别处恢复植被和林业生产条件所需费用3倍的罚款。

第二种意见认为,吴某某、丁某某、陈某某涉嫌非法擅自改变林地用途属于同一个违法行为,应当共同定责,按照每人在案件中所起的作用予以处罚。本案中该三人同责同罚,"处恢复植被和林业生产条件所需费用3倍的罚款"应由该三人共同承担。

县林业局采纳了第二种意见。

【案件评析】县林业局的处理意见是正确的。

未经审核同意擅自改变林地用途具有以下四个特征:①在客体上,该行为侵犯的是林地管理制度,占用林地,应当先经过林业主管部门审核同意,然后到自然资源规划部门办理征收、征用林地手续。②在客观方面实施了未经林业主管部门审核同意,亦未取得自然资源规划部门征收、征用土地审批手续,擅自改变林地用途修路的非法占用林地的行为。③在主观方面表现为故意,即明知占用林地修建道路,会破坏该处林地的植被和生产条件,仍予修建道路。④在主体上是一般主体,即年满14周岁具有责任能力的公民、法人或者其他组织都能成为本违法行为的主体。

本案中,吴某某、丁某某、陈某某等三人明知占用林地修路需办理林地使用手续,仍擅自决定占用林地修建道路,主观上具有非法占用林地的目的,客观上也实施了未经林业主管部门审核、自然资源和规划部门审批,擅自改变林地的行为,其行为侵犯了国家的林地管理制度,破坏了该处2.583亩林地的植被和生产条件。吴某某、丁某某、陈某某三人共同实施未经审核同意擅自改变林地用途的违法行为,属于同一违法行为,应当按照行为人在违法行为过程中所起的主要或次要作用根据《行政处罚法》《森林法》相关规定予以林业行政处罚。

【观点概括】共同定责区分担责。即将各违法者视为同一个违法主体,对该违法行为主体的违法行为进行整体定性,对不同种类的责任实行区分担责。

## 5 未经批准在林地上毁林采矿的行为如何处理

【基本案情】2014年1月31日,廖某在没有办理占用林地相关手续的情况下,联系朋友王某让其把挖掘机拉运到某县,并让本村村民苏某驾驶自己的装载机到某县某村后的山上。2014年2月1日,廖某让王某、苏某各自驾驶挖掘机在某村后的山上将林地上的土层挖掉,开采土层下面的铝矾石,毁坏林地面积2500平方米,被开挖的林地上有20株云杉树,规格为5~10厘米,还有一些杂草和灌木。

【处理意见】办案人员对案件的处理存在几种不同的意见:

第一种意见认为,在未办理任何手续的情况下,毁林采石,并毁坏树木,致使森林资源遭到破坏,应依据《森林法》第四十四条第一款规定,"由林业主管部门责令停止违法行为,补种毁坏株数一倍以上三倍以下的树木,可以处毁坏林木价值一倍以上五倍以下的罚款。"

第二种意见认为,廖某等人的行为,破坏的主要是林地。应依据《森林法实施条例》第四十三条第一款规定,"未经县级以上人民政府林业主管部门审核同意,擅自改变林地用途的,由县级以上人民政府林业主管部门责令限期恢复原状,并处非法改变林地每平方米10元至30元的罚款。"

第三种意见认为,廖某等人的行为,既破坏了林地,又毁坏了树木,但他们的主要目的是为了采石,应以破坏性较严重的毁坏林地的行为进行处罚。依据《森林法实施条例》第四十一条第二款规定,"对森林、林木未造成毁坏或者被开垦的林地上没有森林、林木的,由县级以上人民政府林业主管部门责令停止违法行为,限期恢复原状,可以处非法开垦林地每平方米10元以下的罚款",对廖某等人作出处罚。

县林业局采纳了第二种意见。

**【案件评析】**县林业局的处理意见是合理的。

原《森林法》第十八条规定,"进行勘查、开采矿藏和各项建设工程,应当不占或者少占林地;必须占用或者征收、征用林地的,经县级以上人民政府林业主管部门审核同意后,依照有关土地管理的法律、行政法规办理建设用地审批手续。"铝矾石又称铝土矿,本案开采土层下面的铝矾石是一种开采矿藏的行为,应当办理占用林地审核审批手续。本案行为人未经林业主管部门同意,擅自在集体林地上开采矿产,破坏的林地面积达2500平方米,依据《森林法实施条例》第四十三条第一款关于"未经县级以上人民政府林业主管部门审核同意,擅自改变林地用途的,由县级以上人民政府林业主管部门责令限期恢复原状,并处非法改变用途林地每平方米10元至30元的罚款"的规定,对违法行为人处以责令限期恢复原状,并处非法改变用途林地每平方米25元的罚款。

本案毁坏云杉树20棵,毁坏林木的行为是否也应当给予处罚。针对非法采矿毁坏林木,原《森林法》并未设定明确的处罚条款。依据原《森林法》第四十四条第一款关于"违反本法规定,进行开垦、采石、采砂、采土、采种、采脂和其他活动,致使森林、林木受到毁坏的,依法赔偿损失;由林业主管部门责令停止违法行为,补种毁坏株数一倍以上三倍以下的树木,可以处毁坏林木价值一倍以上五倍以下的罚款"的规定,如果将"采矿"作为"其他活动"之一,那么对"未经林业主管部门审核同意擅自开采矿藏""致使森林、林木受到毁坏"的行为,就可以依据第四十四条第一款之规定,以非法采矿毁坏林木定性处罚。

如何处罚非法采矿+毁坏林木,执法者的选择各不相同,主要做法有三种。第一种是单一处罚型,有两种做法:一是依据《森林法实施条例》第四十三条第一款，以非法改变林地用途定性处罚；二是依据《森林法》第四十四条第一款，以非法采矿毁坏林木定性处罚。第二种是双重处罚型，也有两种做法：一是在一个案件中依据上述两个条款实施处罚；二是作为两个案件分别实施处罚。其中，一个案件依据的是《森林法实施条例》第四十三条第一款，一个案件依据的是《森林法》第四十四条第一款。第三种是机动处罚型，就是在第一种和第二种之间摇摆不定，根据具体案件进行机动选择，有时选择单一处罚，有时选择双重处罚。显然，对非法采矿+毁坏林木的处理，执法实践各不相同。问题在于，如何处理这种行为才合乎法理？

依据《行政处罚法》第二十四条的规定，"对当事人的同一个违法行为，不得给予两次以上罚款的行政处罚。""一事不再罚"是学理上的概念，目前存在较大争议。一般理解有四方面含义：一是同一行政机关对行为人同一违法行为不得给予两次及以上处罚；二是不同机关依据不同法律规范对行为人同一违法行为不得给予两次及以上同种类的行政处罚；三是出于一个违法目的，而违法方式或结果又牵连构成其他违法，对牵连行为也宜界定为"一事"作出处罚；四是违法行为已受到刑罚后，法院已给予罚金处罚的，不再给予罚款的行政处罚。《行政处罚法》提出的一事不再罚，仅指罚款。在具体执法中，最难判定、容易引起争议的是如何界定"一事"，即同一违法行为。

对在林地上非法采矿并毁坏林木行为，既存在非法在林地上毁坏林木行为，也存在未取得使用林地审核同意书擅自采矿行为，属于同一违法行为触犯了两个法律规范，应当依据《森林法》第四十四条第一款、《森林法实施条例》第四十三条第一款，制作一份《行政处罚决定书》，合并执行。可按照就高原则罚款一次，同时责令限期补种树木和恢复林地原状。值得注意的是，2021年7月15日施行的《行政处罚法》第二十九条"同一个违法行为违反多个法律规范应当给予罚款处罚的,按照罚款数额高的规定处罚"之规定对就高原则在法律上予以认可。

**【观点概括】**同一违法行为既造成林木毁坏,又造成林地毁坏的,应当依法责令补种毁坏株数1倍以上3倍以下的树木、限期恢复林地原状。对于罚款,根据"一事不再罚"的原则,只能按照"毁坏林木价值一倍以上五倍以下的罚款"或者"非法改变用途林地每平方米10元至30元的罚款",选择较重的予以处罚。

**【特别说明】**2020年7月1日施行的新《森林法》第七十三条第一款规定,"违反本法规定,未经县级以上人民政府林业主管部门审核同意,擅自改变林地用途的,由县级以上人民政府林业主管部门责令限期恢复植被和林业生产条件,可以处恢复植被和林业生产条件所需费用三倍以下的罚款。"原《森林法》对该违法行为没有设定法律责任,而是由《森林法实施条例》第四十三条第一款规定了法律责任。新《森林法》在《森林法实施条例》的基础上,作了部分修改:将"责令限期恢复原状"修改为"责令限期恢复植被和林业生产条件";将"并处非法改变用途林地每平方米10元至30元的罚款"修改为"可以处恢复植被和林业生产条件所需费用三倍以下的罚款"。新《森林法》第七十三条"可以"处以罚款,修改了《森林法实施条例》第四十三条"并处"罚款的规定,赋予林业主管部门行政处罚自由裁量权。林业主管部门根据违法行为的性质、情节、损害后果等因素,在作出责令限期恢复植被和林业生产条件的同时,可以作出并处罚款的决定,也可以不处罚款。《森林法实施条例》规定的罚款数额在社会经济不断发展的情况下,已明显不符合发展需要。并且,采矿、建设工程对林地的破坏往往是立体的,《森林法实施条例》规定的罚款数额计算以每平方米为单位也不合理,有必要对此作出修改,以提高罚款幅度,增加违法成本。

## 6 擅自改变林地用途并非法采伐该林地上的林木应如何处理

**【基本案情】** 2019年2月，某辖区林业部门检查发现，中铁某局未经批准占用辖区某村林地4400平方米。经查，2017年5月、6月间，中铁某局安徽分公司在修建地铁时，地铁某某站项目负责人宋某未办理林地占用许可和林木采伐许可，在仅办理绿化迁移手续后，擅自砍伐了农户承包经营林地上的杨树，之后将采伐迹地4400平方米推平，用于地铁开挖建设。

**【处理意见】** 在案件处理过程中，存在两种不同意见：

第一种意见认为，宋某未经林业主管部门审批擅自推平林地用于地铁建设，按《森林法实施条例》第三十九条的规定，"责令补种滥伐株数5倍的树木，并处滥伐林木价值3倍至5倍的罚款。"

第二种意见认为，宋某未经林业主管部门审批擅自推平林地用于城市建设，但办理了林木移植手续，且该地块属于后期道路建设用地，按《森林法实施条例》第四十三条的规定处理，并处非法改变林地用途每平方米10元以上30元的罚款。

林业部门采纳第二种意见，按《森林法实施条例》第四十三条的规定，责令宋某恢复原状，并处非法改变用途林地每平方米11元，共计48400元罚款。

**【案件评析】** 林业部门的处理是正确的。

本案的关键问题是，对宋某的处罚应当如何适用法律的规定。

本案中，宋某未经县级以上人民政府林业主管部门审核同意开挖林地用于建设地铁，属于《森林法实施条例》第四十三条规定的擅自改变林地用途行为，对此行为应当依照《森林法实施条例》第四十三条规定，"由县级以上人民政府林业主管部门责令限期恢复原状，并处非法改变用途林地每平方米10元至30元的罚款。"

同时，由于宋某为地铁建设擅自砍伐农户承包经营林地上的杨树，数量和材积已经无法调查，此种行为构成滥伐林木，立木材积计算不足 2 立方米或者幼树不足 50 株，应当适用《森林法实施条例》第三十九条第一款之规定，"由县级以上人民政府林业主管部门责令补种滥伐株数 5 倍的树木，并处滥伐林木价值 2 倍至 3 倍的罚款。"

宋某擅自砍伐农户林木后期对农户也给予一定的赔偿，但是宋某擅自改变林地用途的行为与滥伐林木的行为是同一违法行为产生的两种后果。根据《行政处罚法》第二十四条的规定，"对当事人的同一个违法行为，不得给予两次以上罚款的行政处罚。"因此，不能既对擅自改变林地用途的行为给予罚款也对滥伐林木的行为给予罚款，二者只能择其重者进行处罚。本案中，适用《森林法实施条例》第四十三条的规定对宋某擅自改变林地用途的行为进行处罚，比适用《森林法实施条例》第三十九条第一款的规定对宋某滥伐林木的行为进行处罚要重，所以，县林业局选择适用《森林法实施条例》第四十三条的规定对宋某擅自改变林地用途的行为进行处罚是正确的。

【观点概括】对当事人的同一个违法行为，不得给予两次以上罚款的行政处罚。擅自改变林地用途的行为通常伴有盗伐、滥伐或者毁坏林木的行为发生，涉及同一部法律的两个法条，应当按照法条竞合和一事不再理原则，择其重者进行处罚。

【特别说明】第一，2021 年 7 月 15 日施行的《行政处罚法》第二十九条规定："同一个违法行为违反多个法律规范应当给予罚款处罚的，按照罚款数额高的规定处罚。"第二，2020 年 7 月 1 日施行的《森林法》第七十三条对《森林法实施条例》第四十三条擅自改变林地用途的法律责任予以修订：一是将"责令限期恢复原状"修改为"责令限期恢复植被和林业生产条件"；二是将"并处非法改变用途林地每平方米 10 元至 30 元的罚款"修改为"可以处恢复植被和林业生产条件所需费用三倍以下的罚款"。

# 7 既有擅自改变林地用途又有砍伐林木行为应如何处理

**【基本案情】**某市林业局在 2019 年度森林督查省级自查过程中发现，某市城乡燃气供热有限公司在某乡西城段暖气管道建设中，虽与林地权利人签订相关补偿手续，但在未办理林地审核同意和林木采伐许可的情况下，将林地 3200 平方米、林木 346 株，蓄积量 8.96 立方米，用于管道建设。

**【处理意见】**在案件处理过程中，存在三种不同意见：

第一种意见认为，某市城乡燃气供热有限公司未经审批擅自使用林地用于建设管道，没有达到刑事案件立案标准，应按《森林法实施条例》第四十三条的规定处理。

第二种意见认为，某市城乡燃气供热有限公司非法改变林地用途用于建设管道，除按《森林法实施条例》第四十三条的规定处理外，还应按《森林法实施条例》第三十九条的规定处理。

第三种意见认为，某市城乡燃气供热有限公司非法改变林地用途用于建设管道，除按《森林法实施条例》第四十三条的规定处理外，还应按《森林法》第四十四条的规定处理。

林业局采纳第一种意见，按《森林法实施条例》第四十三条的规定，责令黄某 2 个月内恢复原状，并处非法改变用途林地每平方米 10 元共计 32000 元罚款。

**【案件评析】**市林业局的处理应予支持。

本案的关键问题是，对某市城乡燃气供热有限公司的处罚应当如何适用法律的规定。本案中，某市城乡燃气供热有限公司未经县级以上人民政府林业主管部门审核同意擅自使用林地用于建设管道，属于《森林法实施条例》第四十三条规定的擅自改变林地用途的行为，对此行为应当依照《森林法实施条例》第四十三条规定，"由县级以上人民政府林业主管部门责令限期恢复原状,并处非法改变用途林地每平方米10元至30元的罚款。"

同时,由于某市城乡燃气供热有限公司与林地权利人签订相关补偿手续,但未办理采伐许可证采伐了林地上的林木346棵、蓄积量8.96立方米,如果占有了林木,此种行为构成滥伐林木,立木材积计算2立方米以上或者幼树50株以上,应当适用《森林法实施条例》第三十九条规定,"由县级以上人民政府林业主管部门责令补种滥伐株数5倍的树木,并处滥伐林木价值3倍至5倍的罚款。"如果没有占有林木,则定毁坏林木,依照原《森林法》第四十四条规定,依法赔偿损失,"由林业主管部门责令停止违法行为,补种毁坏株数一倍以上三倍以下的树木,可以处毁坏林木价值一倍以上五倍以下的罚款。"

某市城乡燃气供热有限公司擅自改变林地用途的行为与滥伐林木或者毁坏林木的行为是同一违法行为产生的两种后果。根据《行政处罚法》第二十四条的规定,"对当事人的同一个违法行为,不得给予两次以上罚款的行政处罚。"因此,不能既对擅自改变林地用途的行为给予罚款又对滥伐或者毁坏林木的行为给予罚款,二者只能择其重者进行处罚。本案中,适用《森林法实施条例》第四十三条的规定对某市城乡燃气供热有限公司擅自改变林地用途的行为进行处罚,比适用《森林法实施条例》第三十九条的规定对黄某滥伐林木的行为或者适用《森林法》第四十四条的规定对黄某毁坏林木的行为进行处罚要重,所以,某市林业局选择适用《森林法实施条例》第四十三条的规定对黄某擅自改变林地用途的行为进行处罚是正确的。

【观点概括】对当事人的同一个违法行为,不得给予两次以上罚款的行政处罚。擅自改变林地用途的行为通常伴有盗伐、滥伐或者毁坏林木的行为发生,涉及同一部法律的两个法条,应当按照法条竞合和一事不再罚原则,择其重者进行处罚。

【特别说明】第一,2021年7月15日施行的《行政处罚法》第二十九条规定："同一个违法行为违反多个法律规范应当给予罚款处罚的，按照罚款数额高的规定处罚。"第二，2020年7月1日施行的新《森林法》第七十三条对《森林法实施条例》第四十三条擅自改变林地用途的法律责任予以修订：一是将"责令限期恢复原状"修改为"责令限期恢复植被和林业生产条件"；二是将"并处非法改变用途林地每平方米10元至30元的罚款"修改为"可以处恢复植被和林业生产条件所需费用三倍以下的罚款"。

## 8 擅自改变林地用途和放牧毁坏林木如何处理

【基本案情】2020年5月，某县林业局在开展2019年度森林督查工作时发现：卫星遥感判读82号图斑存在违法占用林地行为。经查，秦某某于2017年8月中旬至12月底，在垫江县三溪镇龙花村4组，小地名桐子园处，在未办理林地占用手续的情况下修建了养猪场和管理用房，擅自改变林地用途的林地面积共计271平方米；另查明自2018年以来秦某某将猪散养，毁坏林地371平方米，损毁林木22株，林木蓄积量1立方米。

【处理意见】第一种意见认为，秦某某上述行为都是森林督查发现的，案件为同一当事人所为，都有破坏林地的行为，违反了原《森林法》第十八条第一款的规定，属擅自改变林地用途的违法行为。

第二种意见认为，秦某某修建养猪场及管理用房的行为违反了原《森林法》第十八条第一款的规定，属擅自改变林地用途的违法行为；散养猪毁坏林地林木的行为违反了原《森林法》第二十三条第二款的规定，属毁坏林地林木的违法行为。

县林业局采纳了第二种意见。

【案件评析】县林业局的处理意见是正确的。

本案中，秦某某未经县级以上人民政府林业主管部门审核同意修建养猪场及管理用房，属于违反《森林法实施条例》第十六条限制性规定的擅自改变林地用途行为，对此行为应根据《森林法实施条例》第四十三条第一款的规定，由县级以上人民政府林业主管部门责令限期恢复原状，并处非法改变用途林地每平方米10元至30元的罚款。

同时秦某某散养猪毁坏林地林木，属于原《森林法》第二十三条第二款规定的毁坏林地林木行为，对此行为应根据原《森林法》第四十四条第二款的规定由林业主管部门责令停止违法行为，补种毁坏株数1倍以上3倍以下的树木。

本案中秦某某实施的是两个相互独立的违法行为，这两个违法行为有各自的法律责任，不能择一重处罚。应分别裁量，合并处罚。所以县林业局分别适用不同的法条对秦某某进行处罚是正确的。

【观点概括】本案涉及一个当事人同一时期存在两种违法行为可作为一个案件处理，但应分别裁量，合并处罚，这样处理既可防止对某些违法行为的漏罚，也更能体现行政处罚的"过罚相当"原则。

## 9 林地出租人是否应当与实施建设行为的承租人共同承担法律责任

【基本案情】2017年1月，林业局接到公安机关移送的案件，某沥青公司非法占用林地的行为因未达到刑事立案标准转为林业行政处罚案件进行调查处理。经林业局执法人员进一步调查，该案涉案林地属某股份经济合作社所有，属生态公益林。该合作社先与某沥青公司签订场地租赁合同，约定将该林地出租给某沥青公司作厂房生产用途，租赁期限自2001年5月1日至2016年4月30日。其后，沥青公司在涉案林地建设沥青搅拌站、办公用房及宿舍、铁棚等,某股份经济合作社未加以制止。

**【处理意见】** 在案件处理过程中,存在两种不同意见:

第一种意见认为,某股份经济合作社只是土地出租人,并不是改变林地用途的实际建设者,不应承担擅自改变林地用途的行政处罚责任。

第二种意见认为,某股份经济合作社在合同中明确约定将涉案林地租给某沥青公司作为厂房生产用途,且未在合同中约定向有关政府部门办理手续,并向承租人收取租金。之后,某沥青公司在未办理林地使用手续的情况下,在涉案林地建设沥青搅拌站、办公用房及宿舍、铁棚等。某股份经济合作社和某沥青公司的行为共同违反了原《森林法》第十八条之规定,构成擅自改变林地用途。

林业局采纳第二种意见,根据《森林法实施条例》第四十三条第一款的规定,对某股份经济合作社和某沥青公司作出以下处罚:一是责令限期恢复林地原状,二是并处非法改变用途林地每平方米10元,共134000元罚款,其中对某股份经济合作社处以罚款67000元,对某沥青公司处以罚款67000元。

**【案件评析】** 林业局的处理是正确的。

本案的关键问题是,林地出租人是否应当与擅自改变林地用途实施建设行为的承租人共同承担法律责任。原《森林法》第十八条规定:"进行勘查、开采矿藏和各项建设工程,应当不占或者少占林地;必须占用或者征收、征用林地的,经县级以上人民政府林业主管部门审核同意后,依照有关土地管理的法律、行政法规办理建设用地审批手续。"

本案中,某股份经济合作社明知某沥青公司租用涉案土地作厂房生产使用,仍与其签订场地租赁合同,在合同中明确约定将涉案土地出租作厂房使用并收取租金。某沥青公司在未经县级以上林业主管部门审核同意的情况下,在租用涉案地块期间,擅自在涉案林地建设沥青搅拌站、办公用房及宿舍、铁棚等。某股份经济合作社作为土地出租人,一直知晓且允许某沥青公司在林地上实施改变林地用途的建设行为,对其行为未加以制止,长期收取租金直至案件查处之时。某股份经济合作社和某沥青公司构成共同违法,共同承担擅自改变林地用途的法律责任。

【观点概括】林地出租人是否应当与擅自改变林地用途实施建设行为的承租人共同承担法律责任,要从行政处罚的"过罚相当"原则考虑。如林地出租人明知行为会产生违法结果,仍允许并放任这种结果发生并从中获利,则应当与擅自改变林地用途实施建设行为的承租人共同承担擅自改变林地用途的法律责任。

【特别说明】2020年7月1日施行的新《森林法》第七十三条对《森林法实施条例》第四十三条第一款擅自改变林地用途的法律责任予以修订:一是将"责令限期恢复原状"修改为"责令限期恢复植被和林业生产条件";二是将"并处非法改变用途林地每平方米10元至30元的罚款"修改为"可以处恢复植被和林业生产条件所需费用三倍以下的罚款"。

## 10 在原被他人堆放生活垃圾的林地上另倾倒淤泥应如何处理

【基本案情】2016年8月、9月和2017年10月,某公路公司在未办理使用林地审核同意书的情况下,在林地上堆放了淤泥,占用商品林面积10186.5平方米(15.28亩)。经调取历年卫星数据照片以及相关人员证实,倾倒淤泥的现场包括2012—2014年已被他人堆放生活垃圾而改变用途林地面积4600平方米(即6.9亩),以及因某公路公司堆放淤泥而新增加的改变用途林地面积5586.5平方米(即8.38亩)。检察院认为当事人在原已被破坏的林地上堆放淤泥6.9亩的行为与损害结果没有直接因果关系,不应视为犯罪。因堆放淤泥行为而新增加的改变用途林地面积未达到追究刑事责任的标准,故案件移送至林业局作为行政案件查处。

【处理意见】在案件处理过程中,存在两种不同意见:

第一种意见认为,某公路公司未经审批擅自在林地上堆放淤泥,虽没有达到刑事案件立案标准,但应按《森林法实施条例》第四十三条第一款的规定,对倾倒淤泥占用林地 10186.5 平方米(15.28 亩)的行为进行处罚。

第二种意见认为,对于因某公路公司堆放淤泥而新增加的面积应按《森林法实施条例》第四十三条第一款的规定处罚,对于原已被他人堆放生活垃圾的面积,因为该部分林地已被他人破坏,改变了林地用途,故该公司倾倒淤泥的行为与改变林地用途之间没有因果关系,不应处罚。

林业局采纳第一种意见,按《森林法实施条例》第四十三条第一款的规定,责令当事人限期恢复林地原状;对其中堆放淤泥重复覆盖而非法改变用途的林地处每平方米 15 元的罚款;对其中新增加的非法改变用途的林地处每平方米 20 元的罚款。

【案件评析】林业局的处理是正确的。

本案的关键问题是,在原被他人堆放生活垃圾的林地上另倾倒淤泥应如何处理。

擅自改变林地用途,侵犯的客体是国家对林地的保护管理制度。某公路公司未经批准在林地上堆放淤泥,侵犯了国家对林地的保护管理制度。本案中,某公路公司在已被他人堆放生活垃圾而改变林地用途的基础上进一步堆放淤泥,该行为对林业生产种植条件造成更进一步的损害,其违法行为与损害结果之间依然存在因果关系。故某公路公司未经县级以上人民政府林业主管部门审核同意在林地上倾倒淤泥,应依照《森林法实施条例》第四十三条第一款进行处罚。

【观点概括】在已被他人破坏的林地上,未经审核同意实施其他行为,造成林业生产种植条件进一步毁坏,违反了国家对林地的保护管理制度,应予处罚。

## 11 "林地一张图"上的面积与林权证的面积不一致如何处理

**【基本案情】** 2020年5月,某林业和草原局在检查时发现,沈某因修建公路在林地上堆放渣土。沈某提供了该地块上的土地承包经营权证、林权证,并称占用的部分土地荒废七八年,自然长了一些草和小灌木。经现场调查并结合"林地一张图"得知,初步确定沈某使用林地总面积为5670平方米。但根据该地块的林权证图班档案资料确定,在该地块上林改核发的林权证面积为3842平方米,其余的1828平方米林改后也没有办理过退耕还林手续。确定沈某在没有取得林业部门的使用林地许可的情况下占用林地。

**【处理意见】** 在案件处理过程中,存在两种不同的意见:

第一种意见认为,"林地一张图"是最新的林业调查数据,沈某违法占用林地面积应当以"林地一张图"上的面积为准,即5670平方米。

第二种意见认为,林权证是证明该地块是否是林地的法定证书,沈某违法占用林地面积应当以林权证所能够证明为林地的面积为准,即3842平方米。

当地林业和草原局采纳第二种意见,对沈某擅自改变林地用途3842平方米进行处罚。

**【案例评析】** 林业和草原局的处理是正确的。

本案的关键问题是,沈某违法占用林地的面积是多少平方米。

本案中,沈某未经县级以上人民政府林业主管部门审核同意堆放渣土,对此行为应当依照《森林法实施条例》第四十三条规定:"未经县级以上人民政府林业主管部门审核同意,擅自改变林地用途的,由县级以上人民政府林业主管部门责令限期恢复原状,并处非法改变用途林地每平方米10元至30元的罚款。"

然而，沈某擅自改变林地用途的违法面积应当如何认定呢？"林地一张图"是林业部门管理林地资源的重要工具和参考资料，但是，在行政处罚中，我们不能直接以"林地一张图"上的面积为准。因为在行政处罚中，"林地一张图"不能作为定案的证据依据，它只是部门管理的方法和手段，而非法律明文认可的证据依据。目前，能够认定某地块是否是林地的法律证据是林权证。从证据属性而言林权证属于客观证据、书面证据，而"林地一张图"只是管理手段、方法。另外，在本案中，违法行为人沈某提供了部分农用地依据，因此，应当扣除农用地后再以林权证能够证明的面积3842平方米作为处罚的面积依据。

【观点概括】"林地一张图"只是认定林地的重要参考，其图上面积不能直接作为定案依据，行政执法中一定要遵行法无明文规定不可为，当"林地一张图"的面积与有林权证的面积不一致时，应当以林权证能够证明的面积作为林业行政处罚的面积。

## 12 擅自改变林地用途两年后被发现应如何处理

【基本案情】2018年，村民罗某违法改变林地用途面积732.2平方米建设猪舍被林业局发现。经调查，罗某于2008年在该林地上建设猪舍，并饲养生猪直至被发现。在调查过程中，罗某称猪舍用地为20世纪70年代村民的开荒地，属于非林地。经鉴定该林地林种为用材林，地类为宜林地。

【处理意见】在案件处理过程中，存在两种不同意见：

第一种意见认为，罗某擅自改变林地用途行为已过两年，根据《行政处罚法》第二十九条规定已超过行政处罚的追诉时效，因此不应再对罗某立案进行行政处罚。

第二种意见认为，罗某建设猪舍并使用至今属行为继续状态，不属于超过两年处罚时效范围。建设猪舍地块林地保护规划上地类为宜林地，应对罗某以擅自改变林地用途进行处罚。

当地林业局采纳了第二种意见，按照《森林法实施条例》第四十三条第一款规定对罗某作出林业行政处罚：责令一年内将改变用途的732.2平方米林地恢复原状；并处非法改变用途林地每平方米10元的罚款，共计7322元。

**【案件评析】** 当地林业局的处理是正确的。

本案的关键问题是，罗某违法改变林地用途行为是否已经过两年的行政处罚时效。

《行政处罚法》第二十九条规定："违法行为在二年内未被发现的，不再给予行政处罚。法律另有规定的除外。前款规定的期限，从违法行为发生之日起计算；违法行为有连续或者继续状态的，从行为终了之日起计算。"罗某改变林地用途建设猪舍后持续使用至今，林地并没有恢复林业生产条件，其违法改变林地行为处于继续状态，因此罗某违法改变林地用途行为未过处罚时效。

本案中，罗某未经县级以上人民政府林业主管部门审核同意在林地内建设猪舍厂房，属于擅自改变林地用途行为，应依据《森林法实施条例》第四十三条第一款的规定对当事人予以行政处罚。

**【观点概括】** 是否超过处罚时效，不要单看违法行为是否在两年内发生，同时也要结合违法行为是否有连续或者继续状态存在。非法占用林地的违法行为，在未恢复原状之前，应视为具有继续状态，其行政处罚的追诉时效，从违法行为终了之日起计算。

**【特别说明】**《国家林业和草原局关于非法占用林地行为追诉时效的复函》（林办发〔2018〕99号），"非法占用林地的违法行为，在未恢复原状之前，应视为具有继续状态，其行政处罚的追诉时效，应根据《行政处罚法》第二十九条第二款的规定，从违法行为终了之日起计算。"

## 13 如何理解非法占用林地违法行为连续或者继续状态

【基本案情】2004年8月,某生态农庄由某县人民政府招商引资并落户某镇某村投资建设,2004年9月,该镇组织镇政府国土所、村委会会同生态农庄负责人,对项目范围内村委会集体所有的山场和村民的自留山进行勘界后,栽植了绿化风景树,未办理林地审核手续和建设用地审批手续。2016年11月,该生态农庄因经营需要,在未经林业主管部门同意的情况下,擅自将村民张某、姚某、邢某家自留地和姚某、邢某家自留山的林地修建停车场。2018年12月,林业局聘请林业技术人员对该生态农庄建设占用土地进行技术鉴定:占用村民自留山林地面积4195.9平方米。

【处理意见】本案处理中,存在两种不同意见:

第一种意见认为,根据《行政处罚法》第二十九条规定:"违法行为在二年内未被发现的,不再给予行政处罚"。某生态农庄已过了行政处罚的追诉时效,不能处罚。

第二种意见认为,该案建设停车场到现在并没有拆除,还侵占着林地,实际处在《行政处罚法》所规定的继续状态,应给予处罚。

县林业局采纳第二种意见作出林业行政处罚。

【案件评析】《行政处罚法》第二十九条规定:"违法行为在二年内未被发现的,不再给予行政处罚。法律另有规定的除外。前款规定的期限,从违法行为发生之日起计算;违法行为有连续或者继续状态的,从行为终了之日起计算。"

本案涉及如何理解《行政处罚法》第二十九条所规定的"违法行为有连续或者继续状态"。按照《国家林业和草原局关于非法占用林地行为追诉时效的复函》(林办发〔2018〕99号),"非法占用林地的违法行为,在未恢复原状之前,应视为具有继续状态,其行政处罚的追诉时效,应根据《行政处罚法》第二十九条第二款的规定,从违法行为终了之日起计算。"该生态农庄在没有拆除违法建筑之前,其行为应视为继续状态,不存在超过时效的问题,因此林业局采纳了第二种意见,依据《森林法实施条例》第四十三条第一款的规定,对某生态农庄擅自改变林地用途的行为进行林业行政处罚是正确的。

**【观点概括】**违法行为在2年内未被发现的,不再给予行政处罚。2年期限的起点,从违法行为发生之日起计算;违法行为有连续或者继续状态的,从行为终了之日起计算。

## 14 临时占用林地逾期不还该如何处理

**【基本案情】**2019年10月,某区林业局在巡查中发现某矿业有限公司某采石场涉嫌违规使用林地。经查,该采石场2016年8月曾取得临时使用林地许可3123平方米,但到期后未归还,也未恢复林业生产条件。公司负责人解释为因采矿许可证临近到期,以致未能申请继续办理使用林地许可。

**【处理意见】**在案件处理过程中,存在两种不同意见:

第一种意见认为,临时占用林地可申请延期,采石场开采期一般均超过2年,可以根据《建设项目使用林地审核审批管理办法》(2015年国家林业局令第35号,2016年国家林业局令第42号修改)第二十条规定,由用地单位提出延续临时占用林地申请,若经批准同意使用,可以不予处罚。

第二种意见认为,某矿业有限公司某采石场在用地审核同意到期后,既未提请归还,也未按要求恢复林业生产条件或植被,应按临时占用林地逾期不归还予以处理。

区林业局采纳第二种意见,按《森林法实施条例》第四十三条第二款的规定,责令该矿业有限公司于2020年4月30日前恢复林业生产条件或植被,并处非法改变用途林地每平方米15元的罚款。

【案件评析】区林业局的处理是正确的。

临时占用林地延期申请在原《森林法》及《森林法实施条例》中无明确规定，但在《建设项目使用林地审核审批管理办法》（2015年国家林业局令第35号，2016年国家林业局令第42号修改）第二十条中确有提及，表述为"公路、铁路、水利水电、航道等建设项目临时占用的林地在批准期限届满后仍需继续使用的，应当在届满之日前3个月，由用地单位向原审批机关提出延续临时占用申请"。但该条款针对的公路、铁路等线性工程建设项目，而采石场开采与公路、铁路等建设项目有显著区别，因此，采石场不适用临时使用林地延期申请，林业局对该公司按临时占用林地逾期不归还予以处理是恰当的。

【观点概括】采石场类项目不能申请临时使用林地延期，若需临时使用林地，应按照年规划开采量划分开采区域，并依次申请审核同意。

## 15 当事人在法定期限内不履行恢复林地原状义务的应如何处理

【基本案情】2016年8月3日，某市某区林业局工作人员巡查发现，王某卿在某区白沙镇渡头村土名"松树林"山场上建设养猪场。随后，某区林业局立案调查，认定"松树林"山场属林业用地，建设养猪场占地面积520平方米，该行为未经县级以上林业主管部门审核同意，违反了原《森林法》《森林法实施条例》等法律法规，构成了擅自改变林地用途违法行为。2016年8月25日，某区林业局根据《森林法实施条例》第四十三条第一款的规定，责令王某卿限期恢复原状，并处以罚款。当事人王某卿于2016年9月8日缴交了罚款。

【处理意见】对于恢复林地原状事项，王某卿逾期未履行。

2017年2月20日，某市某区林业局发出《履行行政决定催告书》，催促当事人王某卿主动履行恢复林地原状的法定义务。王某卿在规定期限仍不予履行后，某区林业局依法向人民法院申请强制执行，某市某区人民法院于2017年11月2日依法作出行政裁定，由某市某区白沙镇人民政府组织实施恢复林地原状行政强制执行事项。2018年4月9日，某区白沙镇人民政府组织林业、综合执法等相关部门，对王某卿擅自改变林地用途建设的养猪场执行强制拆除，恢复了林地用途。

**【案件评析】** 部分擅自改变林地用途的行政处罚案件中，当事人往往只缴纳罚款，不主动履行恢复原状义务。《森林法实施条例》第四十三条中的"责令限期恢复原状"应该理解为恢复到原来的形态，至于恢复到什么程度，涉及恢复林地的可参照林地类型分类技术标准，应理解为恢复非法占用林地之前的用途，即恢复植被和林业生产条件。对于未履行恢复原状义务的，林业主管部门应当启动行政强制执行程序。按照《中华人民共和国行政强制法》（以下简称《行政强制法》）第五十四条"行政机关申请人民法院强制执行前，应当催告当事人履行义务。催告书送达十日后当事人仍未履行义务的，行政机关可以向所在地有管辖权的人民法院申请强制执行"之规定，林业主管部门在履行催告程序后，申请人民法院强制执行。

**【观点概括】** 当事人在法定期限内不申请行政复议或者提起行政诉讼，又不履行行政决定的，没有行政强制执行权的行政机关可以自期限届满之日起三个月内，依法申请人民法院强制执行。罚款不等于结案，未履行恢复义务的，可以依法申请人民法院强制执行。

**【特别说明】** 2020年7月1日施行的新《森林法》第七十三条对《森林法实施条例》第四十三条擅自改变林地用途的法律责任予以修订：一是将"责令限期恢复原状"修改为"责令限期恢复植被和林业生产条件"；二是将"并处非法改变用途林地每平方米10元至30元

的罚款"修改为"可以处恢复植被和林业生产条件所需费用三倍以下的罚款"。

## 16 擅自改变林地用途案的行为人未恢复原状该如何处理

【基本案情】为开发旅游项目,某村召开两委会议决定修建"观音阁"和"问天阁"。2015年6月,在未经林业主管部门审核批准的情况下,该村组织人员开始施工。对原有的"观音阁"寺庙遗址(明永乐年间建造,后在"文化大革命"期间被拆除)进行了修缮和扩建,新建建筑物3栋。在"观音阁"河对面山上修建"问天阁"建筑物1栋。同时建设跨河索道将两边连通。2017年6月21日,经技术人员现场测量鉴定:该村建造"问天阁"占用林地266.2平方米,扩建"观音阁"新占用林地202.4平方米,共计擅自改变林地用途468.6平方米,占用的林地均为公益林范围。

【处理意见】该村未办理占用林地审批手续,擅自在林地上建造建筑物的行为,违反了原《森林法》第十八条第一款的规定。2017年6月30日,该县林业局根据《森林法实施条例》第四十三条第一款,决定对该村作出行政处罚:责令2017年12月31日之前恢复原状,并处擅自改变林地用途面积每平方米20元的罚款共计9372元。县林业局依法作出行政处罚后,该村在行政处罚决定的期限内不主动履行义务。关于由哪一主体强制执行处罚决定,有两种不同意见:第一种意见认为,由县林业局强制执行;第二种意见认为,由县林业局申请人民法院强制执行。

第二种意见是正确的。

【案件评析】接到群众举报后,县林业局对该案快速立案调查,并迅速作出了行政处罚决定。2017年9月,该村向县政府递交的《关于保留问天阁的请求》,希望尽量减少不必要的损失,尽可能多保留有利于景观建设的建筑物。之后,县政府多次召集多部门召开专题分析会,通过专家研究论证,终因违法建筑安全隐患重大,决定予以拆除并恢复原状。因该村未主动履行行政处罚决定,2018年1月2日,县林业局对该村进行了催告。2018年1月22日,该村缴纳了罚款9372元,但未对擅自改变用途的林地恢复原状。2018年1月22日,县林业局向县人民法院申请强制执行。2018年2月,县人民法院裁定由镇人民政府负责执行。该镇委托专业机构制定了拆除和生态修复的方案,并于2019年7月开始施工。2020年7月,通过了多部门的联合验收。

该案执法人员调查取证及时、程序合法正当、法律适用正确。在行政处罚决定执行中,最大的难点是林地上建筑物的拆除。该案的办理,涉及林业、水利、国土、规划、环保、检察院、法院等多个部门,最终在县政府的指挥协调下,违法建筑得到拆除,林地上的生态植被得到修复,对项目实施者、群众都起到很好的警示、宣传作用,达到了很好的法律效果、社会效果。

【观点概括】当事人在法定期限内不申请行政复议或者提起行政诉讼,又不履行行政处罚决定的,没有行政强制执行权的林业主管部门可以自期限届满之日起三个月内,依法申请人民法院强制执行。

【特别说明】《最高人民法院关于对林业行政机关依法作出具体行政行为申请人民法院强制执行问题的复函》(法释〔2020〕21号,根据2020年12月23日最高人民法院审判委员会第1823次会议通过的《最高人民法院关于修改〈最高人民法院关于人民法院扣押铁路运输货物若干问题的规定〉等十八件执行类司法解释的决定》修正):林业主管部门依法作出的具体行政行为,自然人、法人或者非法人组织在法定期限内既不起诉又不履行的,林业主管部门依据《中华人民共和国行政诉讼法》(以下简称《行政诉讼法》)第九十七条的规定可以申请人民法院强制执行,人民法院应予受理。

## 第五章

# 非法收购、加工、运输木材案件

# 1 收购非法来源树木的违法行为应如何处理

【基本案情】2019年3月，某县林业局接群众匿名举报，刘某在未办理林木采伐许可证的情况下，采伐某某村东树木6棵，其中3棵在采伐现场，经测算，材积0.6972立方米，另3棵卖到某板厂。

【处理意见】在案件处理过程中，存在两种不同意见：

第一种意见认为，刘某在未办理林木采伐许可证的情况下，采伐树木，违反了原《森林法》第三十二条第一款的规定，属滥伐林木的行为，没有达到刑事案件立案标准，应按原《森林法》第三十九条第二款的规定，责令补种滥伐株数5倍的树木，并处滥伐林木价值2倍以上5倍以下罚款。

第二种意见认为，刘某在未办理林木采伐许可证的情况下，采伐树木，并将其中一部分卖给某板厂，除了应按原《森林法》第三十九条第二款的规定，责令补种滥伐株数5倍的树木，并处滥伐林木价值2倍以上5倍以下罚款外，还应按原《森林法》第四十三条之规定，对板厂处没收违法收购的滥伐的林木或变卖所得，可以并处违法收购树木的价款1倍以上3倍以下的罚款。

某县林业局采取第一种处理意见。

【案件评析】某县林业局的处理是错误的。

经查阅卷宗发现，刘某在接受办案人员询问时，承认从某某村王某处购买杨树10棵，案发时，已采伐6棵，其中3棵已卖给某板厂，只有3棵在案发现场。行为人对自己滥伐树木的行为供认不讳，且已承认将树木售出，案件承办人应继续追查板厂非法收购滥伐树木的行为。

【观点概括】采伐林木必须申请采伐许可证，按许可证的规定进行采伐；本案既有刘某滥伐树木的行为，又有板厂非法收购无合法来源证明木材的行为，均违反了原《森林法》规定，二者皆应受到相应的处罚。

**【特别说明】**2020年7月1日施行的新《森林法》第七十八条修订了原《森林法》第四十三条，表述为"违反本法规定，收购、加工、运输明知是盗伐、滥伐等非法来源的林木的，由县级以上人民政府林业主管部门责令停止违法行为，没收违法收购、加工、运输的林木或者变卖所得，可以处违法收购、加工、运输林木价款三倍以下的罚款。"修改之处：第一，违法行为由"收购"增加为"收购、加工、运输"；第二，由"盗伐、滥伐的林木"修改为"盗伐、滥伐等非法来源的林木"；第三，罚款由"一倍以上三倍以下"修改为"三倍以下"。

## 2 收购无证林木和滥伐林木分别处罚是否违反一事不再罚原则

**【基本案情】**2017年8月，县林业局执法人员到冯某的木材经营加工场，进行例行检查，发现木材经营加工场有8立方米的松树没有合法来源证明。县林业局执法人员追踪溯源时，冯某提供，此批松树是上湾村陈某卖给他的。县林业局执法人员随即找到陈某调查。发现此批松树是陈某在自己承包山场，没有经过林业主管部门批准，私自砍伐的。县林业局对此事进行立案处理。

**【处理意见】**本案处理过程中，县林业局有两种不同的意见。

（1）对陈某以滥伐林木，根据原《森林法》第三十九条第二款，"滥伐森林或者其他林木，由林业主管部门责令补种滥伐株数五倍的树木，并处滥伐林木价值二倍以上五倍以下的罚款予以处罚"。对冯某不予处罚，因为"一事不再罚"。

（2）对陈某以滥伐林木的违法行为进行处罚，也要对冯某以收购无证木材，根据原《森林法》第四十三条规定"在林区非法收购明知是盗伐、滥伐的林木的，由林业主管部门责令停止违法行为，没收违法收购的盗伐、滥伐的林木或者变卖所得，可以并处违法收购林木的价款一倍以上三倍以下的罚款"进行处罚。县林业局应当对两人的林业行政违法行为分开处理。

县林业局采纳了第二种处理意见。

**【案件评析】** 县林业局的处理意见是正确的。

(1)陈某和冯某的违法行为，本质是有区别的不同情况。两件事地点不同、时间不同、违反《森林法》两种不同的条款。

(2)对两人处罚的措施也不同。再者，不能因为处罚了陈某滥伐林木，冯某就属合理收购了。

因此，对两人都应予以林业行政处罚是正确的。

**【观点概括】** 本案的关键问题是曲解了"一事不再罚"的概念。《行政处罚法》第二十四条关于"对当事人的同一个违法行为，不得给予两次以上罚款的行政处罚"的规定，对陈某滥伐林木又出售木材，适用的是"一事不再罚"原则。冯某违法收购木材的行为，明显属于另一事。

第六章

# 违反草原法规案件

# 1 非法转让草原违法所得的计算方式

**【基本案情】** 2019 年才某与周某签订了土地转让合同,转让总面积 10 公顷,转让年限 10 年,转让费 15 万元。经调查核实,转让土地中有 1 公顷草原。

**【处理意见】** 在案件处理过程中,有两种意见:

第一种意见认为,转让土地总面积 10 公顷,转让费 15 万元是其违法所得。

第二种意见认为,转让土地中只有 1 公顷草原,构成非法转让草原。因此,违法所得是 1.5 万元。

县林业和草原局采纳了第二种意见。

**【案件评析】**《中华人民共和国草原法》(以下简称《草原法》)第九条规定,"草原属于国家所有,由法律规定属于集体所有的除外。任何单位或者个人不得侵占、买卖或者以其他形式非法转让草原。"《草原法》第六十四条规定,"买卖或者以其他形式非法转让草原,尚不构成刑事处罚的,由县级以上人民政府草原行政主管部门依据职权责令限期改正,没收违法所得,并处违法所得一倍以上五倍以下的罚款。"草原行政处罚必须以事实为依据,该案中非法转让草原的行为标的是 1 公顷草原,而不是该合同所有的土地都违反了《草原法》,只能处罚涉及草原的那一部分。

**【观点概括】** 公民、法人或者其他组织违反《草原法》的行为,依法应当给予行政处罚的,行政机关必须查明违法事实,准确适用法律,按照违法事实所对应的法律条文进行处罚。

## 2 非法使用草原扩建公路应如何处罚

**【基本案情】** 2015年5月,甘孜县某公司未办理草原征占用审核手续,占用草原改扩建公路,但办理了建设用地审批手续,经查占用草原面积18.2亩。

**【处理意见】** 该公司认为已办理建设用地审批手续,不属于非法占用行为。县农牧局认为该公司未办理草原征占用手续,属于《草原法》第六十五条规定的未经批准或者采取欺骗手段骗取批准,非法使用草原的行为,按《草原法》第六十五条规定处以罚款1.9656万元。后该公司按要求补办了草原征占用手续。

**【案件评析】** 县农牧局的处理是正确的。

《草原法》第三十八条规定,"进行矿藏开采和工程建设,应当不占或者少占草原;确需征收、征用或者使用草原的,必须经省级以上人民政府草原行政主管部门审核同意后,依照有关土地管理的法律、行政法规办理建设用地审批手续。"草原行政主管部门审核同意是征占用草原办理建设用地审批的前置条件,该公司未办理草原征占用审核手续,占用草原改扩建公路的行为,应当按《草原法》第六十五条规定以非法使用草原的行为予以处罚。

**【观点概括】** 未经草原行政主管部门审核同意,占用草原开展工程建设,应按《草原法》第六十五条规定,以非法使用草原的行为进行处罚。

## 3 未经批准临时占用草原作为建设工程的辅助用地应如何处理

**【基本案情】** 2020年6月19日,某旗农牧区生态管理综合行政执法局接到某旗林草局移交案件线索,称国道331线北银根至路井段公路建设项目涉嫌未经批准占用草原。2020年6月23日,农牧区执法局对该案件线索进行立案调查。经调查核实,2020年3月21日,当事人某旗巴彦浩特镇康盛工程建设服务中心与国道331线北银根至路井段公路工程施工总承包管理部第一分部签订路基土石方施工合同,并于2020年4月1日开始施工,在某旗银根苏木查干扎德盖嘎查国道331线北银根至路井段公路建设中,为车辆开设临时便道破坏天然牧草地2.78亩。该行为违反了《草原法》第四十条的规定。

【处理意见】依据《草原法》第六十五条规定,某旗农牧区执法局责令当事人7日内恢复临时占用天然牧草地(2.78亩)的草原植被,并对当事人作出以下行政处罚决定:处草原植被非法使用前3年平均产值7倍的罚款,共计234.00元。

当事人在收到《行政处罚决定书》后于2020年7月14日缴纳了罚款,并于2020年7月21日对未经批准临时占用的天然牧草地进行了植被恢复(平整、覆土、人工撒播多年生牧草草籽)。

【案件评析】当事人在承包修建国道331线北银根至路井段过程中,虽然办理了相关征占用草原合法手续,也按要求的路线进行施工作业,但在修建主干道的过程中,忽视了办理临时辅道占用草原的审批手续,导致违法行为的发生。

【观点概括】未经草原行政主管部门批准,非法使用草原用于建设工程或者建设工程的临时辅助用地,构成违法。

## 4 建工程搅拌站未经批准临时占用草原应如何处理

【基本案情】2020年5月22日,某旗草原监理所执法人员在巡查时发现苏布尔嘎镇有人非法占用草原,执法人员立即展开调查。经初步了解,某省宇通正大建设工程有限公司在未办理用地手续的情况下非法占用草原。某旗林业和草原局立案后经笔录询问、现场勘验，发现被占用的草原面积为 2.55 亩，用于该公司道劳岱村一社至东联旅游专线通村公路项目临时搅拌站建设用地。

【处理意见】某旗林业和草原局认为，当事人违反了《草原法》第四十条"需要临时占用草原的，应当经县级以上地方人民政府草原行政主管部门审核同意"之规定，依据《草原法》第六十五条"未经批准或者采取欺骗手段骗取批准，非法使用草原，构成犯罪的，依法追究刑事责任；尚不够刑事处罚的，由县级以上人民政府草原行政主管部门依据职权责令退还非法使用的草原，对违反草原保护、建设、利用规划擅自将草原改为建设用地的，限期拆除在非法使用的草原上新建的建筑物和其他设施，恢复草原植被，并处草原被非法使用前三年平均产值六倍以上十二倍以下的罚款"之规定，责令停止违法行为，2020 年 5 月 27 日，某旗林业和草原局下发了《行政处罚决定书》，罚款 997.23 元。2020 年 6 月，该公司办理了草原临时作业许可证。

【案件评析】本案是一件典型的非法占用草原案件，当事人某省宇通正大建设工程有限公司非法占用草原事实清楚，林业和草原局将其作为被处罚主体，认定准确。根据当事人非法占用草原 2.55 亩的事实，认定当事人违反了《草原法》第四十条规定。根据《草原法》第六十五条作出处罚，适用法律正确。

【观点概括】一是为基础设施建设项目服务临时建立的搅拌站可以办理临时占用草原审核手续。二是临时占用草原的期限不得超过 2 年，并不得在临时占用的草原上修建永久性建筑物、构筑物；临时占用期满后，用地单位应当恢复草原植被并及时退还。

## 5 非法使用草原建临时看护板房应如何处理

【基本案情】2018 年省环保督察期间受理信访案件。经调查核实，2017年5月，孙某在没有取得任何部门审批情况下，私自在该村五社圈占村未发包草原0.9公顷，其中建临时看护板房24平方米（6米×4米）、建猪舍176平方米（22米×8米）、圈占草原挖沟长336米（西侧南北长200米、北侧东西长36米、南侧东西长60米）。

**【处理意见】** 在案件处理过程中，有两种意见：

第一种意见认为，圈占草原挖沟、非法占用草原建看护房和建猪舍等行为属于未经批准非法使用草原的行为，违反《草原法》第六十五条。应责令其限期将建筑物和其他设施立即拆除，恢复草原植被；将圈围占用草原挖沟土壤全部恢复草原植被；并处草原被非法使用前3年平均产值6倍以上12倍以下的罚款。

第二种意见认为，在草原上建猪舍为牲畜圈舍，应定性为草原保护和畜牧业生产服务的工程设施，不属于擅自将草原改为建设用地，应由县级以上人民政府草原行政主管部门依据职权责令退还非法使用的草原。对于在草原上建看护房，应定性为擅自将草原改为建设用地，应由县级以上人民政府草原行政主管部门责令其限期拆除，恢复草原植被，并处草原被非法使用前3年平均产值6倍以上12倍以下的罚款；圈占草原挖沟的行为，《草原法》没有明确规定，不予处罚。

县草原站采纳了第二种意见。

**【案件评析】** 第一种意见是正确的。

本案的关键问题在于孙某建猪舍行为的定性。《中华人民共和国行政许可法》（以下简称《行政许可法》）第八十一条规定，"公民、法人或者其他组织未经行政许可，擅自从事依法应当取得行政许可的活动的，行政机关应当依法采取措施予以制止，并依法给予行政处罚；构成犯罪的，依法追究刑事责任。"《草原法》第四十一条规定，"在草原上修建直接为草原保护和畜牧业生产服务的牲畜圈舍等工程设施，需要使用草原的，由县级以上人民政府草原行政主管部门批准。"依据《草原法》第六十五条规定，未经批准或者采取欺骗手段骗取批准使用草原的,均属于非法使用草原的行为。建猪舍作为草原保护和畜牧业生产服务的工程设施,即改变草原土地属性为建设用地,应当先批准后建设,未批先建属于擅自将草原改为建设用地的违法行为。依照《草原法》第六十五条规定,"对违反草原保护、建设、利用规划擅自将草原改为建设用地的,限期拆除在非法使用的草原上新建的建筑物和其他设施,恢复草原植被,并处草原被非法使用前三年平均产值六倍以上十二倍以下的罚款。"

【观点概括】擅自将草原改为建设用地的行为的主要特征:一是行为人擅自改变草原用途,其主要表现是未经县级以上林业和草原主管部门审核同意;二是行为人实施了将草地变为建设用地的行为。

## 6 非法占用草原 211 亩是否涉嫌刑事犯罪

【基本案情】2018 年 4 月 24 日,在多部门联合整治中发现某旗聚德成龙宝矿业有限公司在巴音温都尔嘎查违法占用草原放置生产设施设备、堆放废渣废料。执法人员立即进行调查,根据调查结果显示,某旗聚德成龙宝矿业有限公司未经当地林业和草原行政主管部门同意,违法占用巴音温都尔嘎查集体所有草原 211 亩,属于非法征用占用草原行为。

【处理意见】根据《最高人民法院关于审理破坏草原资源刑事案件应用法律若干问题的解释》(法释〔2012〕15 号),某旗农牧业局于 2018 年 5 月 25 日将案件移送某旗公安局食品药品和环境犯罪侦查大队。

【案件评析】本案主要涉及在行政处罚案件中,对涉嫌犯罪的行为人应当如何处理的问题。

违反《草原法》规定,非法占用草原,改变被占用草原用途,数量较大,造成草原大量毁坏的,构成《刑法》第三百四十二条规定的非法占用农用地罪。根据《最高人民法院关于审理破坏草原资源刑事案件应用法律若干问题的解释》(法释〔2012〕15号)第二条规定：在草原上堆放或者排放废弃物，造成草原的原有植被严重毁坏或者严重污染的，属于非法占用草原的行为；非法占用草原，改变被占用草原用途，数量在20亩以上的，或者曾因非法占用草原受过行政处罚，在3年内又非法占用草原，改变被占用草原用途，数量在10亩以上的，应当认定为《刑法》第三百四十二条规定的"数量较大"。

林业和草原行政主管部门认定涉事单位未经审批，在巴音温都尔集体草原上堆放废弃矿渣、矿料，造成211亩集体草原植被严重毁坏或者严重污染。依据《行政处罚法》第二十二条规定："违法行为构成犯罪的，行政机关必须将案件移送司法机关，依法追究刑事责任。"由于被毁坏草原超过20亩，超出某旗农牧业局行政案件管辖范围，移送当地司法机关追究刑事责任。

【观点概括】未经林业和草原行政主管部门批准，非法使用草原用于建设工程或者建设工程的辅助用地构成违法，应当依法予以行政处罚；构成犯罪的，移送司法机关追究刑事责任。

【特别说明】2021年7月15日施行的《行政处罚法》第二十七条规定，"违法行为涉嫌犯罪的，行政机关应当及时将案件移送司法机关，依法追究刑事责任。对依法不需要追究刑事责任或者免予刑事处罚，但应当给予行政处罚的，司法机关应当及时将案件移送有关行政机关。"行政处罚实施机关与司法机关之间应当加强协调配合，建立健全案件移送制度，加强证据材料移交、接收衔接，完善案件处理信息通报机制。

## 7 未经批准修建设施开展旅游接待应如何处理

【基本案情】2020年4月通过卫星图发现甘孜县某村一块草原

被占用,经查为某公司于 2018 年年底租用某村民承包的草原,修建房屋和固定式帐篷搞旅游接待,未办理草原征占用审核审批手续,占用草原面积 2.8 亩。

**【处理意见】** 本案处理中,有两种意见:

第一种意见认为,某公司租用某村民的草原,未经批准,非法使用草原,改变了草原用途,修建永久性的旅游接待设施,应当按《草原法》第六十五条规定,限期拆除修建的旅游接待设施,恢复草原植被,并处草原被非法使用前 3 年平均产值 6 倍以上 12 倍以下的罚款。

第二种意见认为,某公司租用某村民的草原,未经批准,修建旅游设施搞旅游接待,属经营性旅游活动造成草原破坏的,应当按《草原法》第六十九条规定,责令停止违法行为,限期恢复植被,并处草原被破坏前 3 年平均产值 6 倍以上 12 倍以下的罚款。

县林草局采纳了第一种意见,责令该公司限期 30 天内拆除修建的旅游接待设施,恢复草原植被,并处罚款 3326.4 元。

**【案件评析】** 县林草局处理是正确的。

本案问题是适用法律条款的问题。本案中,该公司未经批准,占用草原修建房屋、永久帐篷旅游接待设施,改变了草原用途,属于《草原法》第六十五条规定的未经批准,非法使用草原,违反草原保护、建设、利用规划擅自将草原改为建设用地的行为,应当按《草原法》第六十五条规定,限期拆除非法使用的草原上新建的建筑物和其他设施,恢复草原植被,并处草原被非法使用前 3 年平均产值 6 倍以上 12 倍以下的罚款。

**【观点概括】** 未经批准,非法占用草原开展旅游接待活动,造成草原植被破坏的,按《草原法》第六十九条规定,以擅自在草原上开展经营性旅游活动的行为处罚。如果修建永久建筑物和设施,改变了草原用途,应按《草原法》第六十五条规定,以非法使用草原的行为进行处罚。

【特别说明】《草原法》第五十二条规定，"在草原上开展经营性旅游活动，应当符合有关草原保护、建设、利用规划，并事先征得县级以上地方人民政府草原行政主管部门的同意，方可办理有关手续。""草原上开展经营性旅游活动，不得侵犯草原所有者、使用者和承包经营者的合法权益，不得破坏草原植被。"根据2021年4月29日《全国人民代表大会常务委员会关于修改〈中华人民共和国道路交通安全法〉等八部法律的决定》(第十三届全国人民代表大会常务委员会第二十八次会议通过，自公布之日起施行)，将《草原法》第五十二条修改为："在草原上开展经营性旅游活动，应当符合有关草原保护、建设、利用规划，并不得侵犯草原所有者、使用者和承包经营者的合法权益，不得破坏草原植被。"依据本次修法，"在草原上开展经营性旅游活动审批"行政许可被取消。

## 8 在草原上种植经济林木是否属于非法开垦

【基本案情】2020年3月，甘孜县扎某破坏草原种植经济林木，经查破坏草原面积1.6亩。

【处理意见】县林业和草原局认为扎某破坏草原种植经济林木，属于《草原法》第六十六条规定的非法开垦草原的行为，责令限期恢复草原植被，并处罚款3270元。

【案件评析】县林业和草原局处理是正确的。

《草原法》第四十六条规定，禁止开垦草原。开垦草原行为，主要是指以翻耕或者其他方式破坏草原植被，种植粮食作物、经济作物、林木等非饲料作物；违反草原保护、建设、利用规划种植牧草或者饲料作物，造成草原沙化或者水土严重流失的。本案中扎某破坏草原目的是为了种植经济林木，这是与非法使用草原行为的主要区别，所以应当依据《草原法》第六十六条的规定以非法开垦草原的行为予以处罚。

【观点概括】开垦草原种植粮食作物、经济作物、林木的,属于改变被占用草原用途的行为,构成违法。

## 9 对公安机关不予立案的非法开垦草原案应如何处理

【基本案情】2018年5月,市林业和草原局接到举报:"丁某在长龙村草原内开垦草原300公顷,种植稻田,发包给村民。"经调查核实,丁某破坏草原面积388亩,市林业和草原局于2018年7月对丁某下发了责令改正通知书。因非法占用、破坏的草原面积过大,涉嫌刑事犯罪,市林草局将案件移送至某市公安局。2018年8月,市公安局以没有主观故意为由将此案退回。

【处理意见】在案件处理过程中,存在两种意见:

第一种意见认为,依据《最高人民法院关于审理破坏草原资源刑事案件应用法律若干问题的解释》(法释〔2012〕15号)规定,非法占用草原,改变被占用草原用途,数量在20亩以上的,以非法占用农用地罪定罪处罚。该案已达到刑事案件立案标准,不能作行政处罚。

第二种意见认为,依据《草原法》第六十六条规定,非法开垦草原,尚不够成刑事处罚的,由县级以上人民政府草原行政主管部门依据职权作出行政处罚。丁某没有主观故意,只是不承担刑事责任,但行政处罚只要事实清楚即可处罚,丁某非法开垦草原388亩的违法事实成立,应对其进行行政处罚,责令其停止违法行为,限期恢复植被,没收非法财物和违法所得,并处违法所得1倍以上5倍以下的罚款。

市林业和草原局采纳了第二种意见。

【案件评析】第二种意见是正确的。犯罪的构成要件有主体、客体、主观方面和客观方面。丁某开垦草原时认为该地块是荒地,没有构成非法占用农用地罪的主观故意，故不能构成该罪，不应给予刑事处罚。公安机关退卷后，行政主管部门不能以涉案面积超过20亩为由不作行政处罚，否则就会存在破坏草原面积更大的违法行为却逃脱制裁的情况。因此，对于尚不够刑事处罚的案件，应对其行政处罚。

**【观点概括】** 行政执法机关对公安机关决定不予立案的案件，应当依法作出处理；其中，依照有关法律、法规或者规章的规定应当给予行政处罚的，应当依法实施行政处罚。

**【特别说明】** 2021年7月15日施行的《行政处罚法》第三十三条规定，"当事人有证据足以证明没有主观过错的，不予行政处罚。法律、行政法规另有规定的，从其规定。"原《行政处罚法》没有明确规定行政处罚是否以行政相对人存在主观过错为要件之一。在理论和实践中亦有不同观点和较多争议。实践中，除了法律法规中明确规定了违法行为人主观状态的情况，行政机关几乎普遍都采用"客观违法"的标准。新《行政处罚法》第三十三条在一定程度明确了过错推定的行政处罚归责原则，即从行政相对人违反了某种行政管理秩序、违反行政法律规范的客观结果看，可以推定其主观上有故意或者过失，但是，如果当事人提出反证，证明自己在主观上不存在故意或过失从而免责。依据新《行政处罚法》分析本案，公安机关已经认定丁某没有主观故意，如果丁某能够证明自己没有过失，则不予行政处罚。

## 10 撂荒的已垦草地重新种植是否构成非法开垦草原

**【基本案情】** 2015年4月27日，某旗草原监督管理局收到群众举报，反映阿尔巴斯苏木布隆嘎查牧民高某在自己承包的草场上有开垦草原的违法行为。某旗草原监督管理局立即派出执法人员赶赴现场调查取证。执法人员到现场后发现高某居住地南面有两块耕地，东侧的耕地四周有防护林，西侧的耕地四周无防护林，根据土壤的颜色来看，西侧的无防护林的耕地有新开垦草原的嫌疑。

执法人员进行现场勘验、测量面积、拍摄图片、询问当事人以及向嘎查和阿尔巴斯苏木工作人员了解情况。高某一开始不承认自己开垦草原，称都是旧耕地。但在执法人员再三询问和嘎查苏木工作有关人员的证词前，高某最终承认西侧没有防护林的地是前两天新开垦的。经测量，面积为19.688亩。

【处理意见】2015年4月30日，某旗草原监督管理局对高某的开垦草原行为依法立案，2015年5月16日给当事人高某送达了《某旗草原监督管理局行政处罚事先告知书》，责令其在2015年6月30日之前在违法开垦的19.688亩草原上种植柠条，恢复植被，并处以5000元的罚款。

【案件评析】本案是一件典型的非法开垦草原案件，违法当事人对处罚有意见，申请听证。农牧业局于听证的7日前，通知当事人举行听证的时间、地点，符合法律规定。当事人高某收到《某旗农牧业局行政处罚事先告知书》后2015年5月7日向某旗草原监督管理局递交了申请听证的材料。5月16日，某旗农牧业局向高某送达了听证会通知书。2015年5月26日下午3时，某旗农牧业局组织召开了听证会。听证会上高某递交了高照升、哈达、乌力吉、阿拉腾扎布、海清等布隆嘎查牧民的证明材料，证明高某开垦的19.688亩地在十几年前种植过，由于当时没有动力电，最终撂荒到现在。如今通了电，重新种植，不属于非法开垦草原。但执法人员认为，即使证明人员的证词属实，但撂荒了十几年的地早已恢复了原生植被，已属天然草原，草原保护建设利用规划一直将其列为草原，重新开垦种植属新的违法行为，应当按照相关法律处理。

听证结束后，行政机关根据听证笔录，相关负责人对调查结果进行审查，高某确有应受行政处罚的违法行为，根据情节轻重及具体情况，作出了行政处罚决定。当事人按规定缴纳了罚款，并在规定期限内按要求恢复了草原植被。

【观点概括】本案的焦点在于当事人撂荒了十几年的已垦草地重新种植属于开垦草原还是复垦？十几年前开垦草原的违法行为因已恢复了原生植被，过了行政处罚的2年时效期，不再给予行政处罚。同一地块重新开垦种植属于非法开垦草原的新的违法行为，而不应认定为复垦。

## 11 法律和地方性法规对于非法开垦草原法律责任不一致应如何适用

【基本案情】2018年6月，某县草原管理站接到群众举报称，某县丙字村杜某在丙字村家东南非法开垦草原种植经济作物。经查，2018年5月间，杜某非法开垦天然牧草地14亩，种植经济作物。

【处理意见】在案件处理过程中，存在两种处理意见：

第一种意见认为，杜某开垦草原种植经济作物，违反了《草原法》第四十六条的规定。依据《草原法》第六十六条，"非法开垦草原，构成犯罪的，依法追究刑事责任；尚不够刑事处罚的，由县级以上人民政府草原行政主管部门依据职权责令停止违法行为，限期恢复植被，没收非法财物和违法所得，并处违法所得一倍以上五倍以下的罚款；没有违法所得的，并处五万元以下罚款；给草原所有者或者使用者造成损失的，依法承担赔偿责任"的规定。因杜某是2018年5月开垦草原种植经济作物，本案于2018年6月进行立案调查，杜某没有违法所得，杜某主动承认错误积极配合执法人员工作并主动恢复草原植被，情节较轻。对杜某非法开垦草原的行为责令其恢复植被并处1万元罚款。

第二种意见认为，杜某开垦草原种植经济作物，违反了《某省草原管理条例》第二十五条的规定。依据《某省草原管理条例》第三十九条第四款规定：违反第二十五条规定的，责令其停止开垦，恢复植被；情节严重的，每开垦1亩处50元以上100元以下的罚款。因杜某主动承认错误积极配合执法人员工作并主动恢复草原植被，情节较轻。对杜某非法开垦草原的行为责令其恢复植被并处700元罚款。

县草原管理站采纳了第一种意见。

【案件评析】第一种意见是正确的。

按照法的适用规则，上位法优于下位法。对待同一个法律问题的适用，上位法和下位法发生冲突时，优先适用上位法。《草原法》是法律，且于2013年进行了修订，《某省草原管理条例》是根据1985年《草原法》制定的地方性法规，《草原法》的位阶更高，且《草原法》修订后该条例未作修改。因此，本案中非法开垦草原的行为应适用《草原法》处罚。

【观点概括】法律的效力高于行政法规、地方性法规、规章。《草原法》和《某省草原管理条例》对于非法开垦草原行为的法律责任不一致，优先适用《草原法》。

## 12 开垦草原改种牧草的行为应如何认定

【基本案情】2017年4月，某县畜牧局接到电话举报，该县村民尹某在其承包的草原上种植一年生的牧草燕麦草。经查，尹某认为其草原产草量不高，自2015年起翻耙改种燕麦草20公顷。

【处理意见】在案件处理过程中，存在两种处理意见：

第一种意见认为，燕麦草是一年生的优质禾本科牧草，耐贫瘠抗旱，是优质牧草，在草原上种植燕麦草是提升牧草产量改良草原的手段之一，不应受到处罚。

第二种意见认为，燕麦草是一年生的禾本科牧草，用于改良草原的草种应该是多年生的牧草。一年生的牧草或饲料作物同样对草原生态环境造成破坏,破坏草原植被。依据《最高人民法院关于审理破坏草原资源刑事案件应用法律若干问题的解释》(法释〔2012〕15号)第二条第二款第四项规定,违反草原保护、建设、利用规划种植牧草和饲料作物,造成草原沙化或者水土严重流失的,应当认定为《刑法》第三百四十二条规定的"造成耕地、林地等农用地大量毁坏"。因为涉案面积超过20亩,所以应当移送公安机关,依法追究刑事责任。

县畜牧局采纳了第二种意见。

**【案件评析】**开垦草原种植牧草的行为表面上看没有改变草原用途,但实际上也破坏了草原植被和原有生态环境,为了提高牧草产量一味种植高产的一年生的牧草种类,使被破坏的草原植被很难再恢复,也是需要禁止的行为。

**【观点概括】**对于违反草原保护、建设、利用规划种植牧草和饲料作物的行为,造成草原沙化或者水土严重流失的,也构成非法开垦草原行为。

## 13 非法收购虫蛹能否按破坏草原植被活动处理

**【基本案情】**2012年7月,某县涂某未经批准在某村向牧民收购虫蛹1100只,用于虫草种植研究。

**【处理意见】**本案处理中,有两种意见:

第一种意见认为,涂某收购虫蛹,法律上没有相关的禁止条款,不属于违法行为。

第二种意见认为,涂某收购虫蛹,直接导致牧民实施采挖活动造成草原植被破坏,应当按《草原法》第六十七条和《某自治州草原管理条例》第十四条第三款规定,缴纳植被恢复保证金1万元用于植被恢复,并处罚款5000元。

草原主管部门按照第二种意见处理。

**【案件评析】**按照第二种意见处理值得商榷。

《草原法》第四十九条规定"禁止在荒漠、半荒漠和严重退化、沙化、盐碱化、石漠化、水土流失的草原以及生态脆弱区的草原上采挖植物和从事破坏草原植被的其他活动。"《草原法》第六十七条明确违反《草原法》第四十九条规定，由县级以上地方人民政府草原行政主管部门依据职权责令停止违法行为，没收非法财物和违法所得，可以并处违法所得1倍以上5倍以下的罚款；没有违法所得的，可以并处5万元以下的罚款；给草原所有者或者使用者造成损失的，依法承担赔偿责任。同时，依据《某自治州草原管理条例》第十四条第三款规定，采集虫蛹或从事其他对草原植被破坏较大的采挖活动的，缴纳草原植被恢复保证金。上述规定均是针对采挖人和从事破坏草原植被活动的其他行为人的禁止条款和处罚条款。

冬虫夏草虫蛹主要生长于高寒草原生态脆弱区，涂某收购虫蛹的行为直接导致牧民实施采挖破坏草原植被活动发生，但是，对涂某的收购行为作出行政处罚不符合处罚法定原则。行政处罚涉及公民的基本权利，必须采取法定原则，这是现代法治的要求。行政处罚的法定原则具体要求之一是指公民、法人或者其他组织违反行政管理秩序的行为，依照法律、法规或者规章明文规定应予行政处罚的，应当给予行政处罚。涂某收购虫蛹的行为，如果法律、法规或者规章没有相关的禁止条款和处罚条款，不应当采取"参照适用"或者"类推适用"的方式作出行政处罚。

**【观点概括】**草原主管部门行使草原行政处罚权时，必须在法律、法规或者规章设定的给予行政处罚的行为、种类和幅度的范围内，做出适当的行政处罚。

## 14 对草原地类属性已经发生改变的案件如何处理

【基本案情】2018年环保督察"回头看"期间,某县接到来信举报,该县让字村村民非法占用草原,自2005年起陆续开垦草原15公顷。经查,该地块已纳入二轮土地承包,土地性质发生改变,不是草原。

【处理意见】在案件处理过程中,存在三种处理意见:

第一种意见认为,依据《草原法》第二条第二款和第七十四条的规定,本法只适用天然草原和人工草地。该地块经查土地性质不是草原,不应对其进行行政处罚。

第二种意见认为,违法行为发生在先,改变地类性质发生在后,作出的行政处罚应以发生时是否违反草原法律法规为事实依据,而不以作出行政处罚时该地块是不是草原为事实依据。因此,应对其改变土地性质前的违法行为进行行政处罚。

第三种意见认为,《土地管理法》第四条规定,"国家实行土地用途管制制度。使用土地的单位和个人必须严格按照土地利用总体规划确定的用途使用土地。"该县的《土地利用总体规划(2005—2020)》中确认该地块为天然牧草地,应作为草原管理。因涉案面积较大,应移送司法机关。

县草原站采纳了第一种意见。

【案件评析】县草原站的处理是错误的。

本案的关键问题在于,土地性质发生改变后,草原行政主管部门是否有权进行行政处罚。确定土地是否为草地,主要依据县级人民政府批准的《土地利用总体规划》。本案中,涉案地块在该县的《土地利用总体规划(2005—2020)》中确认该地块为天然牧草地,在未合法修订规划的情况下,作为耕地纳入二轮土地承包是无效的。因此,该行为构成非法开垦草原。

**【观点概括】**对土地性质的认定要按照《土地利用总体规划》。

## 15 机动车非法碾压草原应如何处理

**【基本案情】**2019年8月8日接群众举报某县某镇大河口村黄旗营房北有越野车碾压草原。某县自然资源综合行政执法大队高度重视，立即派执法人员赶往现场进行核实，经过现场调查取证并对当事人娄某、李某询问后得知，2019年7月24日开始某公司在某县某镇大河口村黄旗营房北5公里处组织公司客户进行越野穿越，驾驶越野车非法碾压草原。

**【处理意见】**某公司的行为违反了《草原法》第五十五条的规定，结合自然资源局土地利用现状数据套合图及宗地图，某县自然资源综合行政执法大队委托某县大地测绘公司测量后得出被非法碾压草原面积共计为6.94亩，某县自然资源综合行政执法大队依据《草原法》第七十条向某公司先后下达了《行政处罚事先告知书》《责令整改通知书》《行政处罚决定书》，对某公司处以7261元罚款，责令某公司立即恢复植被，种植多年生优质牧草。

**【案件评析】**这是一个机动车碾压草原的典型案件，该事件影响大，引起社会强烈关注。关于机动车离开道路在草原上行驶，《草原法》第五十五条规定："除抢险救灾和牧民搬迁的机动车辆外，禁止机动车辆离开道路在草原上行驶，破坏草原植被；因从事地质勘探、科学考察等活动确需离开道路在草原上行驶的，应当事先向所在地县级人民政府草原行政主管部门报告行驶区域和行驶路线，并按照报告的行驶区域和行驶路线在草原上行驶。"《草原法》第七十条规定："非抢险救灾和牧民搬迁的机动车辆离开道路在草原上行驶，或者从事地质勘探、科学考察等活动，未事先向所在地县级人民政府草原行政主管部门报告或者未按照报告的行驶区域和行驶路线在草原上行驶，破坏草原植被的，由县级人民政府草原行政主管部门责令停止违法行为，限期恢复植被，可以并处草原被破坏前三年平均产值三倍以上九倍以下的罚款；给草原所有者或者使用者造成损失的，依法承担赔偿责任。"

【观点概括】非抢险救灾和牧民搬迁的机动车辆离开道路在草原上行驶，或者从事地质勘探、科学考察等活动，未事先向所在地县级人民政府林业和草原主管部门申请确认或者未按照确认的行驶区域和行驶路线在草原上行驶，破坏草原植被，构成未按确认的行驶区域、路线行驶破坏草原的违法行为。

# 第七章

# 违反野生动物保护法规案件

# 1 禁猎期内使用弩捕猎野生动物应如何定性

**【案情简介】** 袁某某与王某某于2017年7月4日在禁猎期内，未取得狩猎许可证的情况下，使用弩在某县某山场非法猎捕野生动物时被查获。经鉴定，袁某某与王某某共猎捕野生池鹭2只，属省级重点保护野生动物。

**【处理意见】** 县林业局按照《中华人民共和国野生动物保护法》（以下简称《野生动物保护法》）第四十六条第一款规定，没收袁某某与王某某共同非法猎捕的野生池鹭2只及猎捕工具弩；并处罚款4000元。

**【案件评析】** 依照《野生动物保护法》第二十条、第二十二条、第二十四条的规定，猎捕非国家重点保护野生动物的，应当依法取得县级以上地方人民政府野生动物保护主管部门核发的狩猎证；在相关自然保护区域和禁猎（渔）区、禁猎（渔）期内，禁止猎捕以及其他妨碍野生动物生息繁衍的活动；禁止使用相应的猎捕工具和方法猎捕野生动物。依据《野生动物保护法》第四十六条第一款的规定，违反本法第二十条、第二十二条、第二十三条第一款、第二十四条第一款规定，在相关自然保护区域、禁猎（渔）区、禁猎（渔）期猎捕非国家重点保护野生动物，未取得狩猎证、未按照狩猎证规定猎捕非国家重点保护野生动物的，由县级以上地方人民政府野生动物保护主管部门没收猎物，猎捕工具和违法所得，并处猎获物价值1倍以上5倍以下的罚款；构成犯罪的，依法追究刑事责任。《最高人民法院关于审理破坏野生动物资源刑事案件具体应用法律若干问题的解释》（法释〔2000〕37号）第六条规定："违反狩猎法规，在禁猎区、禁猎期或者使用禁用的工具、方法狩猎，具有下列情形之一的，属于非法狩猎'情节严重'：（一）非法狩猎野生动物20只以上的；（二）违反狩猎法规，在禁猎区或者禁猎期使用禁用的工具、方法狩猎的;(三)具有其他严重情节的。"本案中袁某某与王某某违反狩猎规定,在未取得狩猎证的情况下,且在禁猎期内使用弩猎捕省级重点保护野生动物。弩具有较强的杀伤力,根据公安部与国家工商行政管理局联合下发的《关于加强弩管理的通知》(公治〔1999〕1646号)的规定,也将弩纳入治安管理的管制物品范围。但是弩是一种机械类弓箭,只有在人为操作情况下,才能击发构成危害,不属于非人为直接操作并危害人畜安全的狩猎装置。《某省实施〈中华人民共和国野生动物保护法〉办法》第二十三条也未将弩列入禁猎工具,且本案中袁某某与王某某非法狩猎数量未达20只以上。为此,袁某某与王某某的行为尚不构成非法狩猎罪。其行为应当依照《野生动物保护法》第四十六条第一款的规定,对其进行林业行政处罚。

【观点概括】未经批准,在禁猎区、禁猎期或者使用禁用的工具、方法狩猎,数量未达20只以上,依法予以行政处罚;数量达20只以上的,依法追究刑事责任。

## 2 没有狩猎证使用捕鸟网猎捕野生动物应如何定性

【基本案情】2017年9月20日,林业局接到宁河区丰台镇派出所电话,派出所扣留了捕鸟人朱某及捕鸟网和鸟,林业局执法人员于2017年9月20日当天到达现场进行勘查、检查。经现场勘验、检查宁河区丰台镇派出所扣留鸟网用具200余米,鸟活体13只,13只鸟均为小鹀,为朱某捕获。

【处理意见】本案处理中,存在以下两种不同意见:

第一种意见认为,朱某非法捕捉的小鹀为非国家重点保护动物,而且数量较少,所以不构成违法行为,应以说服教育为主。

第二种意见认为,朱某的行为违反了《野生动物保护法》第二十二条,有现场照片和笔录为证,应当按照违法捕捉野生动物行为给予行政处罚。

林业局采纳了第二种意见。

**【案件评析】**第二种意见是正确的。

《野生动物保护法》第二十二条规定,"猎捕非国家重点保护野生动物的,应当依法取得县级以上地方人民政府野生动物保护主管部门核发的狩猎证,并且服从猎捕量限额管理。"只要未经批准,猎捕国家规定保护的野生动物即构成违法,依法应予行政处罚;在禁猎区、禁猎期进行狩猎或者使用禁用的工具和方法进行狩猎的,情节严重的,构成非法狩猎罪。本案中,朱某在没有狩猎证的情况下,使用捕鸟网非法捕捉非国家重点保护动物小鹀13只,捕鸟网为禁止使用的捕猎工具,捕猎数量未达到刑事立案标准,其行为违反了《野生动物保护法》第二十二条的规定。依据《野生动物保护法》第四十六条第一款,对朱某处以猎获物价值五倍罚款共计650元整;销毁捕鸟网具200余米,放飞活体鸟13只。

**【观点概括】**未经批准,在禁猎区、禁猎期或者使用禁用的工具、方法狩猎,数量未达20只以上,依法予以行政处罚;数量达20只以上的,依法追究刑事责任。

## 3 非法狩猎野生动物并出售应如何处理

**【基本案情】**2017年7月27日,某县林业综合执法大队接到群众匿名报警,有人在某县出售松鼠。经查,2017年7月26日,李某未经林业主管部门批准,擅自到某县树林内捕猎野生动物2只,全部为花栗鼠,价值共计40元,属于《国家保护的有重要生态、科学、社会价值的陆生野生动物名录》内的野生动物。

**【处理意见】**在案件处理过程中,存在两种不同意见:

第一种意见认为,李某的行为属于非法出售野生动物的违法行为，应当按照非法出售野生动物行为给予行政处罚。

第二种意见认为，李某捕猎的野生动物花栗鼠，属于非国家或非省重点保护野生动物，并且未取得野生动物主管部门的批准，应当按照非法狩猎行为给予行政处罚。

林业综合执法大队采纳第二种意见，按《野生动物保护法》第四十六条第一款的规定，没收猎获物花栗鼠2只，并处以猎获物价值4倍的罚款，共计160元罚款。

【案件评析】林业综合执法大队的处理是正确的。

本案的关键问题是，对李某的处罚应当如何适用法律的规定。

本案中，李某未依法取得县级以上地方人民政府野生动物保护主管部门核发的狩猎证进行捕猎，属于《野生动物保护法》第二十二条规定的非法狩猎行为，对此行为应当依照《野生动物保护法》第四十六条第一款规定，由县级以上地方人民政府野生动物保护主管部门或者有关保护区域管理机构按照职责分工没收猎获物、猎捕工具和违法所得，并处猎获物价值1倍以上5倍以下的罚款。

同时，李某捕猎的花栗鼠，属于《国家保护的有重要生态、科学、社会价值的陆生野生动物名录》内的野生动物，《野生动物保护法》第二十七条第四款规定，出售非国家重点保护野生动物的，应当提供狩猎、进出口等合法来源证明。由于李某捕猎野生动物花栗鼠2只，用于出售，此种行为构成非法出售野生动物。《野生动物保护法》第四十八条第二款规定，违反本法第二十七条第四款规定，未持有合法来源证明出售非国家重点保护野生动物的，由县级以上地方人民政府野生动物保护主管部门或者市场监督管理部门按照职责分工没收野生动物，并处野生动物价值1倍以上5倍以下的罚款。

从实践来看，行为人非法狩猎野生动物后，通常会有非法运输、出售等后续环节，《野生动物保护法》第四十六条第一款行政处罚的种类包括没收"违法所得"已隐含该层含义。本案李某基于非法获利的目的,捕猎非国家重点保护野生动物之后,自然会为实现非法获利目的将捕猎的野生动物予以出售,其出售的处分行为,已预设在非法狩猎行为的评价范围之内,无需再重复评价。对李某不另以非法出售野生动物处罚是恰当的。

**【观点概括】**非法狩猎的行为通常伴有非法狩猎和非法出售的行为发生,涉及同一部法律的两个法条,出售野生动物的处分行为,已预设在非法狩猎行为的评价范围之内,无需再重复评价。执法部门应当以非法狩猎行为进行处罚。

## ❹ 非法捡拾鸟蛋的行为如何定性

**【基本案情】**2018年4月20日,何某在庙镇鸽龙港河道内摸河蚌,在茭白丛中发现一窝野生鸟蛋,随手将窝带鸟蛋一起放入车斗中,而后去新村乡继续摸河蚌,被巡逻的新村乡民警查获,并移交区林业主管部门。经鉴定,何某掏到的14只鸟蛋为䴘䴘鸟蛋,䴘䴘已被列入有《国家保护的有重要生态、科学、社会价值的陆生野生动物名录》。

**【处理意见】**在案件处理过程中,存在两种不同意见:

第一种意见认为,何某捡拾野生鸟蛋,非野生动物个体,不应当认定为非法猎捕非国家重点保护野生动物,不应由林业主管部门给予行政处罚。

第二种意见认为,何某捡拾野生鸟蛋,可能孵化为野生动物个体,非法捡拾鸟蛋的行为应当认定为非法猎捕,由林业主管部门给予行政处罚。

当地林业部门采纳了第二种意见,并对当事人实施行政处罚,没收非法捡拾的鸟蛋,罚款1400元。

**【案件评析】**当地林业主管部门的处理是正确的。

根据《野生动物保护法》第二条第三款规定,"本法规定的野生动物及其制品,是指野生动物的整体(含卵、蛋)、部分及其衍生物。"因此,野生动物的整体,包含卵、蛋。《野生动物保护法》第四十六条第一款规定,"在相关自然保护区域、禁猎(渔)区、禁猎(渔)期猎捕非国家重点保护野生动物,未取得狩猎证、未按照狩猎证规定猎捕非国家重点保护野生动物,或者使用禁用的工具、方法猎捕非国家重点保护野生动物的,由县级以上地方人民政府野生动物保护主管部门或者有关保护区域管理机构按照职责分工没收猎获物、猎捕工具和违法所得,吊销狩猎证,并处猎获物价值一倍以上五倍以下的罚款;没有猎获物的,并处二千元以上一万元以下的罚款。"

本案中,当事人捡拾鸟蛋行为发生在野生动物禁猎区内,捡拾鸟蛋经鉴定属于鹬鹆目鸟类的鸟蛋,根据周边生境较大可能是小鹬鹆,根据历史调查情况排除鸟蛋属于国家重点保护野生动物的情况,且数量未达20只以上。因此,其行为应定性为非法猎捕非国家重点保护野生动物,并按照《野生动物保护法》第四十六条第一款进行处罚。

【观点概括】根据现行野生动物保护法律法规,野生动物及其制品包括野生动物的整体(含卵、蛋)、部分及其衍生物。在野生动物禁猎区内,掏鸟蛋是对野生动物种群危害较大的行为,数量未达20只以上,依法予以行政处罚;数量达20只以上的,依法追究刑事责任。

## 5 在禁猎期使用禁用的工具狩猎如何定性

【基本案情】王某一于2019年4月10~24日期间,未经野生动物行政主管部门批准并办理狩猎证的情况下,在某村使用禁用工具(捕兽铁夹)猎捕野生动物,并无猎获物,根据相关资料记载,该村无国家重点保护野生动物分布;受害人王某二于2019年4月24日在上山挖笋途中误触王某一设置的捕兽铁夹，造成王某二轻微损伤。

**【处理意见】** 在案件处理过程中，存在两种不同意见：

第一种意见认为，王某一使用捕兽铁夹猎捕野生动物，并无猎获物，不需要承担行政违法责任，只需要对受害人王某二承担民事赔偿责任。

第二种意见认为，王某一未办理狩猎证，在禁猎期使用禁用的工具猎捕野生动物，虽没有猎获物，也要承担行政违法责任，同时，还要承担民事赔偿责任。

当地野生动物行政主管部门采纳了第二种意见，没收狩猎铁夹2个，并处罚款2000元。

**【案件评析】** 某县人民政府《关于规范狩猎活动的通告》规定，"在禁猎期内禁止猎捕所有陆生野生动物（每年4月1日至10月31日为该县禁猎期）。""禁止使用军用武器、汽枪、毒药、爆炸物、电击或者电子诱捕装置以及猎套、猎夹（铁夹）、地枪（地弓）、排铳、吊杠及其他危害人畜安全的捕猎工具和装置猎捕野生动物。"王某一的行为违反了《野生动物保护法》第二十条第一款："在相关自然保护区域和禁猎（渔）区、禁猎（渔）期内，禁止猎捕以及其他妨碍野生动物生息繁衍的活动，但法律法规另有规定的除外。"第二十二条："猎捕非国家重点保护野生动物的，应当依法取得县级以上人民政府野生动物保护主管部门核发的狩猎证，并且服从猎捕量限额管理。"第二十三条第一款："猎捕者应当按照特许狩猎证、狩猎证规定的种类、数量、地点、工具、方法和期限进行猎捕。"第二十四条："禁止使用毒药、爆炸物、电击或者电子诱捕以及猎套、猎夹、地枪、排铳等工具进行猎捕，禁止使用夜间照明行猎、歼灭性围猎、捣毁巢穴、火攻、烟熏、网捕等方法进行猎捕，但因科学研究确需网捕、电子诱捕的除外。前款规定以外的禁止使用的猎捕工具和方法，由县级以上地方人民政府规定并公布。"王某一的行为属于非法猎捕非国家重点保护野生动物的违法行为。根据《野生动物保护法》第四十六条第一款："违反本法第二十条、第二十二条、第二十三条第一款、第二十四条第一款规定的，在相关自然保护区域、禁猎(渔)、禁猎(渔)期猎捕非国家重点保护野生动物，未取得狩猎证、未按照狩猎证规定猎捕非国家重点保护野生动物，或者使用禁用的工具、方法猎捕非国家重点保护野生动物的，由县级以上地方人民政府野生动物保护主管部门或者有关保护区域管理机构按照职责分工没收猎物、猎捕工具和违法所得，吊销狩猎证，并处猎获物价值一倍以上五倍以下的罚款；没有猎获物的，并处二千元以上一万元以下的罚款。"鉴于被处罚人王某一利用铁夹非法狩猎并无猎获物，并依法赔偿了受害人王某二的损失，得到谅解。依法没收王某一猎捕工具狩猎铁夹 2 个，并处罚款 2000 元。

【观点概括】未取得狩猎证，在禁猎期使用禁用的工具猎捕非国家重点保护野生动物，尚不够刑事处罚的，依法承担行政违法责任。

## 6 省级林业部门划定的禁猎区禁猎期在市(县)级是否适用

【基本案情】2017 年 10 月 19 日 8 时许，某派出所检查站民警发现可疑车辆一台，遂下车进行盘查询问，经询问得知，李某伙同李某某、王某携带禁用工具"粘网、收音机"非法狩猎野生动物鹌鹑 4 只，派出所民警依法将案件移交森林公安机关处理。后经森林公安民警查实，李某非法猎捕野生动物鹌鹑 4 只，事实清楚，证据确实充分。李某还供述，2017 年 7 月在李某老家养猪场旁边用弹弓非法狩猎 2 只麻雀和 1 只白头鸥，2017 年 9 月李某在该市芒山镇高速路附近使用禁用工具弹弓、钢珠、矿灯非法狩猎斑鸠 19 只。李某 7 月猎捕的 2 只麻雀、1 只白头鸥和 9 月猎捕的 19 只斑鸠，经调查虽有证人证言，但实物早已被李某吃掉，无法进行鉴定，且无再鉴定的可能性。

【处理意见】本案在处理过程中，对李某非法猎捕的野生动物数量认定不存在争议，李某虽然先后非法猎捕野生动物 26 只，但后两次的猎捕行为只有言词证据，没有野生动物实物可进行鉴定，也不存在再鉴定的可能性，因此对李某非法猎捕的野生动物数量只能以鉴定结论做出的"三有"野生动物 4 只鹌鹑进行认定。但李某非法猎捕野生动物 4 只鹌鹑的行为在法律适用问题上存在以下两种不同意见：

第一种意见认为，根据《某省林业厅关于发布鸟类禁猎期的通告》、《野生动物保护法》第二十四条、《刑法》第三百四十一条第二款、《最高人民法院关于审理破坏野生动物资源刑事案件具体应用法律若干问题的解释》（法释〔2000〕37 号）第六条之规定，李某在禁猎区、禁猎期使用禁用的猎捕工具、猎捕方法，非法猎捕"三有"野生动物鹌鹑 4 只，涉嫌非法狩猎，应依法追究刑事责任。

第二种意见认为，根据《野生动物保护法》第十二条、第二十四条之规定，禁猎区、禁猎期应由县级以上地方人民政府规定并发布，由于目前该市人民政府没有出台相关方面的具体规定，李某只能以违反《野生动物保护法》第二十二条、第二十四条之规定，按照《野生动物保护法》第四十六条之规定，进行林业行政处罚。

当地林业局采纳了第二种意见，根据《野生动物保护法》第四十六条之规定，给予违法行为人李某 4400 元的罚款，并没收野生动物鹌鹑 4 只的林业行政处罚。

【案件评析】当地林业局的处理是正确的。

本案的关键问题是，对李某的处罚应当如何适用法律的规定。

本案件的处理是适用《刑法》进行刑罚，还是适用《野生动物保护法》进行林业行政处罚，关键是对"禁猎区""禁猎期"的认定。《某省林业厅关于发布鸟类禁猎期的通告》规定，2014 年 2 月 1 日至2019年1月31日全省境内所有野生鸟类实行禁猎。但《野生动物保护法》第十二条规定，县级以上人民政府可以采取划定禁猎（渔）区、规定禁猎（渔）期等形式保护野生动物及其重要栖息地。"禁猎区""禁猎期"应由县级以上人民政府规定并发布。本案中对"禁猎区""禁猎期"的认定，应适用《野生动物保护法》规定，在县级以上人民政府没有制定出台"禁猎区""禁猎期"的相关规定时，不能认定李某是在禁猎区、禁猎期非法猎捕野生动物，因此也不能依据《刑法》追究李某的刑事责任。故本案以李某违反了《野生动物保护法》第二十二条、第二十四条之规定，猎捕非国家重点保护的野生动物，没有依法取得野生动物保护主管部门核发的狩猎证，并且使用夜间照明行猎、网捕等方法进行猎捕野生动物，根据《野生动物保护法》第四十六条之规定，给予李某林业行政处罚。

【观点概括】县级以上人民政府可以采取划定禁猎区、规定禁猎期等形式保护野生动物及其重要栖息地。

## 7 未取得狩猎证在禁猎区、禁猎期狩猎野生动物如何定性

【基本案情】2020年3月10日晚19时许，方某流窜至某市七塘公路西龙线附近一小树林里，采用弹弓打鸟的方式猎捕鸟类，至22时许，方某共猎捕陆生野生动物珠颈斑鸠3只、夜鹭1只，被森林公安局工作人员当场查获，经查，方某未办理狩猎证。

【处理意见】在案件处理过程中，存在两种不同意见：

第一种意见认为，方某未取得狩猎证，在禁猎期、禁猎区狩猎的行为构成非法狩猎罪。

第二种意见认为，方某猎捕野生动物数量不足20只，尚不构成刑事违法，应当依据《野生动物保护法》第四十六条第一款实施行政处罚。

森林公安局采纳了第二种意见,决定对方某作出行政处罚:①罚款1400元;②没收3只珠颈斑鸠(死体)、1只夜鹭(死体)及作案工具弹弓1个。

【案件评析】本案中方某法制观念淡薄,对野生动物的法律法规缺乏了解,仅凭自己的喜好,使用弹弓猎捕野生鸟类用以食用享乐,在2020年3月10日猎捕陆生野生动物类珠颈斑鸠3只、夜鹭1只,其行为已经构成违法。

根据《最高人民法院关于审理破坏野生动物资源刑事案件具体应用法律若干问题的解释》(法释〔2000〕37号)第六条规定,"违反狩猎法规,在禁猎区、禁猎期或者使用禁用的工具、方法狩猎,具有下列情形之一的,属于非法狩猎入罪标准:(一)非法狩猎野生动物二十只以上的;(二)在禁猎期使用禁用的工具、方法狩猎的;(三)在禁猎区使用禁用的工具、方法狩猎的;(四)具有其他严重情节的。"根据2017年12月13日某市人民政府公布《某市陆生野生动物禁猎区、禁猎期和禁猎工具、方法的通告》(某政发〔2017〕70号)第一条"某市行政区域内均为禁猎区,全年为禁猎期,禁止猎捕或进行其他妨碍野生动物生息繁衍及破坏野生动物栖息地的活动"以及第二条"禁猎工具和方法:禁止使用军用武器、体育运动枪支、气枪、地枪、毒药、爆炸物、排铳、铁铗、地弓、粘网、电击或电子诱捕装置、猎套、猎夹及其他危害人畜安全的猎捕工具和装置猎捕;禁止使用夜间照明行猎、歼灭性围猎、火攻、烟熏、挖洞、陷阱、网捕、捡蛋、捣巢等方法猎捕。因科学研究、疫病防控、航空安全保障等法定特殊情形确需猎捕的,应依法审批。"某地全市均为禁猎区,全年皆为禁猎期,但是方某使用弹弓不属于禁用工具,且方某猎捕的数量尚未到达20只,未达到刑事立案标准,应当给予方某行政处罚。方某未取得狩猎证、在禁猎期、禁猎区使用弹弓猎捕野生鸟类的行为违反了《野生动物保护法》第二十条、第二十二条规定,属非法狩猎陆生野生动物行为,根据《野生动物保护法》第四十六条第一款"违反本法第二十条、第二十二条、第二十三条第一款、第二十四条第一款规定,在相关自然保护区、禁猎(渔)区、禁猎(渔)期猎捕非国家重点保护野生动物,未取得狩猎证、未按照狩猎证规定猎捕非国家重点保护野生动物,或者使用禁用的工具、方法猎捕非国家重点保护野生动物的,由县级以上地方人民政府野生动物保护主管部门或者保护区域管理机构按照职责分工没收猎获物、猎捕工具和违法所得,吊销狩猎证,并处猎获物价值一倍以上五倍以下的罚款;没有猎获物的,并处二千元以上一万元以下的罚款"之规定,对方某作出以下行政处罚:①罚款1400元(涉案珠颈斑鸠、夜鹭认定价值的1倍予以处罚);②没收3只珠颈斑鸠(死体)、1只夜鹭(死体)及作案工具弹弓1个。关于涉案猎捕杀害的陆生野生动物珠颈斑鸠3只、夜鹭1只的价值认定,根据国家林业局2017年11月1日颁布自2017年12月15日起施行的《野生动物及其制品价值评估方法》及其附件《陆生野生动物基准价值标准目录》的相关规定,对鸽形目鸠鸽科认定每只价值300元,对鹳形目鹭科认定每只价值500元。

【观点概括】非法狩猎罪的入罪标准:第一,违反了"三禁"(即禁猎期、禁猎区以及禁用工具和方法)之一+非法狩猎野生动物20只以上;第二,在禁猎期使用禁用的工具、方法狩猎;第三,在禁猎区使用禁用的工具、方法狩猎的;第四,具有其他严重情节的。

## 8 未取得狩猎证网捕野生动物应如何处理

【基本案情】2019年3月,武某未经县级野生动物保护主管部门许可,在未办理狩猎证的情况下,擅自在某县某镇村南杨树林地及周边麦田内用尼龙网非法猎捕野生山鸡(环颈雉)4只,价值共计1200元。某县林业局接到报案后,对武某给予罚款处罚,依法没收了武某的猎捕工具尼龙网,并将猎获物环颈雉予以野外放生。

**【处理意见】** 武某在未取得狩猎证的情况下,使用尼龙网猎捕野生山鸡(环颈雉),未达到刑事案件立案标准,属非法猎捕非国家重点保护野生动物行为,应按《野生动物保护法》第四十六条的规定,"猎捕非国家重点保护野生动物的,由县级以上地方人民政府野生动物保护主管部门没收猎获物、猎捕工具和违法所得,并处猎获物价值一倍以上五倍以下罚款。"县林业局对武某作出处以猎获物价值5倍的罚款处罚,没收猎获物和工具并将环颈雉予以放生。

**【案件评析】** 野生环颈雉属于非国家重点保护野生动物,《野生动物保护法》第二十二条明确规定:"猎捕非国家重点保护野生动物的,应当依法取得县级以上地方人民政府野生动物保护主管部门核发的狩猎证,并且服从捕猎限额管理。"《野生动物保护法》第二十四条规定:"禁止使用夜间照明行猎、歼灭性围猎、捣毁巢穴、火攻、烟熏、网捕等方法进行猎捕。"武某未取得县级野生动物保护主管部门核发的狩猎证,使用禁猎工具尼龙网进行猎捕,属非法猎捕非国家重点保护野生动物行为,根据《野生动物保护法》第四十六条规定:"在相关自然保护区域、禁猎(渔)区、禁猎(渔)期猎捕非国家重点保护野生动物,未取得狩猎证、未按照狩猎证规定猎捕非国家重点保护野生动物,或者使用禁用的工具、方法猎捕非国家重点保护野生动物的,由县级以上地方人民政府野生动物保护主管部门或者有关保护区域管理机构按照职责分工没收猎获物、猎捕工具和违法所得,吊销狩猎证,并处猎获物价值一倍以上五倍以下的罚款;没有猎获物的,并处二千元以上一万元以下的罚款;构成犯罪的,依法追究刑事责任。"武某的行为尚未构成犯罪,某县林业局对武某作出了罚款的行政处罚,把猎获物环颈雉野外放生,并对武某进行保护野生动物的教育。

**【观点概括】** 猎捕非国家重点保护野生动物的,应当依法取得县级以上地方人民政府野生动物保护主管部门核发的狩猎证,并且服从猎捕量限额管理。违法猎捕野生动物的,依法予以行政处罚;构成犯罪的,依法追究刑事责任。

## 9 在野外捡拾到野生动物出售如何定性

**【基本案情】** 2020年2月1日,某区林业行政执法人员接到举报:某菜场有人在卖野鸭。经调查,当事人韩某于1月30日在其撒了农药的藕田里,发现有3只死野鸭,韩某捡走野鸭后,于2月1日上午拿到菜场准备出售。经区林业工作站鉴定,3只野鸭均为斑嘴鸭,属于省重点保护陆生野生动物。

**【处理意见】** 对韩某非法出售野生动物的处理,有两种不同意见:

第一种意见认为,野鸭是误食藕田内用于防治农作物病虫害的农药死亡,韩某发现死亡的野鸭是一种偶然,非主观意识造成的,不应追究法律责任。

第二种意见认为,虽韩某猎捕野鸭属于非主观意识,但韩某发现死亡野鸭后,未及时上报林业主管部门,并捡拾野鸭出售,以求获利,应追究韩某非法出售野生动物的法律责任。

区林业局采纳了第二种处理方式。

**【案件评析】** 区林业局的处理正确。

该案中,韩某猎捕野鸭的行为虽然是非主观意识行为,但是韩某捡拾死亡野鸭进入市场贩卖,其行为已经由非主观意识变为主观意识,应当依法给予其行政处罚。《野生动物保护法》第二十七条第四款规定,"出售、利用非国家重点保护野生动物的,应当提供狩猎、进出口等合法来源证明。"《野生动物保护法》第四十八条第二款规定,"违反本法第二十七条第四款规定,未持有合法来源证明出售、利用、运输非国家重点保护野生动物的,由县级以上地方人民政府野生动物保护主管部门或者市场监督管理部门按照职责分工没收野生动物,并处野生动物价值一倍以上五倍以下的罚款。"区林业局对韩某处没收 3 只斑嘴鸭,并处相当于实物价值 3 倍的罚款。

在野外捡拾到野生动物,应当及时交当地公安机关或林业部门,不得擅自处理。野生动物非正常死亡的,可能携带传染病菌,如果擅自处理食用可能危害自身或他人健康。

【观点概括】未持有合法来源证明出售非国家重点保护野生动物的,由县级以上地方人民政府野生动物保护主管部门或者市场监督管理部门按照职责分工没收野生动物,并处野生动物价值一倍以上五倍以下的罚款。

## 10 未取得猎捕证猎捕非国家重点保护野生动物如何定性

【基本案情】2020 年 4 月 6 日晚,张某在某省某县某乡某山场采草药过程中,发现电站边水沟里有很多野生石鳞,于是徒手抓了 19 只,准备带回家中用于自己和家人食用。县林业执法大队接到群众举报,在张某回家途中将其查获。经县林业局野动物保护部门专家鉴定,张某抓来的石鳞学名为棘胸蛙,数量 19 只。

【处理意见】本案处理过程中,存在三种不同意见。

第一种意见认为,张某所抓棘胸蛙 19 只,数量较多,棘胸蛙又是保护动物,猎捕时间 4 月 6 日属禁猎期(该县禁猎期是每年的 2~8 月),有可能涉刑,应交县森林公安分局处理。

第二种意见认为,张某用手猎捕棘胸蛙的数量只有 19 只,经聘请野生动物工程师鉴定,确认为无尾目蛙科蛙属,属国家保护的"三有"动物,虽然猎捕时间是 4 月 6 日属禁猎期,但没有达到司法解释关于猎获物数量 20 只以上的标准,也没有使用禁用工具、方法狩猎及其严重情节,张某的行为违反《野生动物保护法》第二十二条的规定,属于非法狩猎行为但不构成非法狩猎罪,应当根据《野生动物保护法》第四十六条的规定，对其进行行政处罚。经称重，19只棘胸蛙共2公斤，参照市场养殖户出售价格每公斤200元计算，猎获物价值400元。根据《某省林业行政处罚裁量规则》猎获物价值2000元以下，主动配合改正的，处猎获物价值3倍罚款，应对张某作出1200元（400元×3倍）的罚款处罚，并没收非法猎捕的棘胸蛙19只（交县野生动植物保护管理站放生）。

第三种意见认为，第二种处理意见的猎获物价值是参照市场养殖户出售价格每公斤200元计算不正确，应该按照《野生动物及其制品价值评估方法》（国家林业局第46号令，自2017年12月15日起施行）计算，棘胸蛙属于无尾目所有种，其基准价值是100元/只，猎获物价值为1900元（19只×100元/只）。根据《某省林业行政处罚裁量规则》猎获物价值2000元以下，主动配合改正的，处猎获物价值3倍罚款，应对张某作出（1900元×3＝5700元）的罚款处罚，并没收非法猎捕的棘胸蛙19只（交县野生动植物保护管理站放生）。

**【案件评析】** 第三种意见处理是正确的。

《野生动物保护法》规定的保护对象，既包括珍贵、濒危的陆生、水生野生动物，也包括有重要生态、科学、社会价值的陆生野生动物。本案中的棘胸蛙是列入《国家保护的有重要生态、科学、社会价值的陆生野生动物名录》的"三有"动物。按照《野生动物保护法》第四十六条的规定，"在禁猎区、禁猎期或者使用禁用的工具、方法猎捕野生动物的，由县级以上地方人民政府野生动物保护主管部门或者有关保护区域管理机构按照职责分工没收猎获物、猎捕工具和违法所得，并处猎获物价值一倍以上五倍以下的罚款；构成犯罪的，依法追究刑事责任。"根据《最高人民法院关于审理破坏野生动物资源刑事案件具体应用法律若干问题的解释》（法释〔2000〕37号）第六条的规定，张某在禁猎期用手猎捕棘胸蛙的数量只有19只，没有达到司法解释关于猎获物数量20只以上的标准。

因此，张某的行为是非法猎捕行为而不构成非法狩猎罪，只能对其进行行政处罚。

【观点概括】法律为更有效地保护野生动物，设置了"三禁"（即禁猎期、禁猎区以及禁用工具和方法）制度，并为此特设了非法狩猎的违法行为。任何猎捕非国家重点保护野生动物的，只要触犯"三禁"之一，就构成非法狩猎；触犯了"三禁"之一再加上非法狩猎非国家重点保护野生动物20只以上，就构成非法狩猎罪。

## 11 非法人工繁育国家重点保护野生动物的行为如何界定

【基本案情】某市林业部门根据群众举报，于2017年8月23日在市区某酒店动物饲养区进行现场检查。通过现场检查并于询问当事人，确定该单位未经许可租借国家重点保护野生动物鸳鸯3只在院内养殖。

【处理意见】第一种意见认为，该单位租借野生动物饲养行为法律没有明确规定，不应由林业主管部门给予行政处罚。

第二种意见认为，该单位长期租借野生动物饲养行为，属于非法人工繁育国家重点保护野生动物，违反《野生动物保护法》第四十七条，应当由林业主管部门给予行政处罚。

当地林业部门采纳了第二种意见，并对当事人实施行政处罚，没收鸳鸯3只，罚款8016元。

【案件评析】当地林业部门的处理是正确的。

根据《野生动物保护法》第二十五条第二款规定："人工繁育国家重点保护野生动物的，应当经省、自治区、直辖市人民政府野生动物保护主管部门批准，取得人工繁育许可证。"该单位长期从持有合法人工繁育许可证的单位租借国家重点保护野生动物，应当具备人工繁育国家重点保护野生动物的条件，并依法申请办理人工繁育许可证。该单位未经许可人工繁育国家重点保护野生动物鸳鸯的行为已违反《野生动物保护法》第二十五条规定，根据《野生动物保护法》第四十七条，违反本法第二十五条第二款规定，未取得人工繁育许可证繁育国家重点保护野生动物，由县级以上人民政府野生动物保护主管部门没收野生动物及其制品，并处野生动物及其制品价值 1 倍以上 5 倍以下的罚款。

本案发生时《野生动物及其制品价值评估方法》（国家林业局令第 46 号，2017 年 11 月 1 日公布，2017 年 12 月 15 日起施行）尚未公布，执法部门根据《林业部关于在野生动物案件中如何确定国家重点保护野生动物及其产品价值标准的通知》（林策通字〔1996〕8 号）规定：国家二级保护陆生野生动物的价值标准，按照该种动物资源保护管理费的 16.7 倍执行。每只鸳鸯的价值按 80 元×16.7 倍，为 1336 元。根据《野生动物保护行政处罚裁量基准》（某市绿化和市容管理局〔2017〕8 号文件）的具体细则，"无证人工繁育国家二级重点保护野生动物二种以下的，给予一倍以上三倍以下的罚款。"所以对非法人工繁育的 3 只鸳鸯罚款 8016 元。

**【观点概括】** 临时借展、暂养国家重点保护野生动物应当办理野生动物经营利用许可，该酒店租借野生动物饲养的行为，不属于短期展演、表演的行为，该单位长期擅自饲养国家重点保护野生动物，应当认定为未取得人工繁育许可证繁育国家重点保护野生动物。

## 12 非法猎捕非国家重点保护野生动物后驯养如何定性

**【基本案情】** 2019 年 3~4 月期间的一天下午（具体时间不详），某县某电厂居民杨某在家中看到一只山呼鸟到其门前的树上吃果子后萌生将其猎捕饲养的想法，杨某用鸟网于当日将该山呼鸟猎捕并暂时关在铁笼中，而后杨某将山呼鸟腾养到自制鸟笼内饲养至今。后经该省某州林业司法鉴定中心鉴定，杨某猎捕的山呼鸟为雀形目鹟科黑喉噪鹛，黑喉噪鹛被列为《国家保护的有重要生态、科学、社会价值的陆生野生动物名录》物种，1只黑喉噪鹛的价值标准为300元。杨某猎捕黑喉噪鹛未到林业主管部门办理过狩猎证。

【处理意见】本案处理中，存在以下两种不同意见：

第一种意见认为，杨某的行为构成了非法猎捕非国家重点保护野生动物、无驯养繁殖许可证驯养繁殖野生动物两种违法行为，应当分别进行处罚。

第二种意见认为，杨某非法猎捕非国家重点保护野生动物的目的是为了驯养，猎捕与驯养之间具有牵连关系，两种违法行为应择一重处罚，应当按照非法猎捕非国家重点保护野生动物进行处罚。

森林公安采纳了第二种意见。

【案件评析】第二种意见是正确的。

《野生动物保护法》第二十二条，"猎捕非国家重点保护野生动物，应当依法取得县级以上地方人民政府野生动物保护主管部门核发的狩猎证，并且服从猎捕量限额管理。"

《某省陆生野生动物保护条例》第十二条第一款，"各级人民政府应制定扶持办法，鼓励具备条件的单位和个人驯养繁殖野生动物。驯养繁殖野生动物的单位和个人，须按下列规定申请领取驯养繁殖许可证：属国家重点保护野生动物，按国家有关规定办理；属省重点保护野生动物，报省林业行政主管部门批准；属有益的或者有重要经济、科学研究价值的野生动物，由地、州、市林业行政主管部门批准，报省林业行政主管部门备案。"

本案中，杨某为驯养黑喉噪鹛，使用捕鸟网将其猎捕，随后驯养在自制鸟笼中。事实上杨某实施了两个不同的违法行为，即非法猎捕非国家重点保护野生动物的违法行为和无驯养繁殖许可证驯养繁殖野生动物的违法行为，两个违法行为之间是手段与目的、原因与结果的关系。杨某看到树上的黑喉噪鹛时便有了驯养的目的,但需要驯养生存在大自然中的黑喉噪鹛,就必须先将其捕获,捕获是为了能够达到驯养的目的而实施的手段行为,所以在本案中猎捕与驯养之间属于手段行为与目的行为的关系。故本案应该从一重行为处罚,即按照非法猎捕非国家重点保护野生动物的违法行为进行处罚。

**【观点概括】** 未取得狩猎证而非法猎捕非国家重点保护野生动物,其后通常伴随无驯养繁殖许可证驯养繁殖行为发生,涉及同一部法律的两个法条,猎捕后的驯养繁殖行为,已预设在非法猎捕行为的评价范围之内,无需再重复评价。林业主管部门应当以非法猎捕非国家重点保护野生动物的违法行为进行处理。

## 13 擅自收购野生动物应如何处理

**【基本案情】** 2019年3月和4月,武某在未取得有关部门许可的情况下,通过网络两次购买鹦鹉蛋并在养殖场孵化成鸟后,从养殖场取回非法饲养在家中。武某非法饲养的鹦鹉一只为葵花凤头鹦鹉,一只为和尚鹦鹉。两只鹦鹉均被《濒危野生动植物种国际贸易公约》列入附录二中,按国家二级保护野生动物管理。鉴于武某非法购买野生动物的目的是作为宠物饲养,并非以经营获利为目的,且在饲养过程中也没有造成动物损伤、死亡,社会危害性较小;武某非法购买野生动物的数量较少,仅为两只,属于犯罪情节轻微,某县人民检察院也据此作出不起诉决定。林业局作行政案件处理。

**【处理意见】** 在案件办理过程中存在两种处理意见:

第一种意见认为,武某通过网络非法购买国家二级保护野生动物,其行为违反了《野生动物保护法》第二十七条第一款"禁止出售、购买、利用国家重点保护野生动物及其制品"之规定,依据《野生动物保护法》第四十八条，参照《某省林业厅关于印发新修订的〈某省林业厅行政处罚裁量权基准制度〉的通知》（某林发〔2016〕34号）第二十三条第二款"出售、收购、加工、运输、携带国家二级保护野生动物的，处以相当于实物价值5倍以上8倍以下的罚款"的规定，处以5倍罚款。

依据《野生动物及其制品价值评估方法》（国家林业局令第46号，自2017年12月15日起施行，以下简称《评估方法》）中鹦鹉基准价值为2000元，按照评估方法第四条第一款"国家二级保护野生动物，按照所列野生动物基准价值5倍核算"之规定鹦鹉整体价值为1万元，鹦鹉蛋的整体价值为5000元，结合评估方法第六条之规定，没收其非法购买的两只鹦鹉并处5万元罚款。

第二种意见认为，武某的行为属于未取得人工繁育许可证，非法驯养国家二级保护野生动物，违反了《野生动物保护法》第二十五条第二款："人工繁育国家重点保护野生动物的，应当经省、自治区、直辖市人民政府野生动物保护主管部门批准，取得人工繁育许可证，但国务院对批准机关另有规定的除外。"应依照《野生动物保护法》第四十七条："未取得人工繁育许可证繁育国家重点保护野生动物的，由县级以上人民政府野生动物保护主管部门没收野生动物及其制品，并处野生动物及其制品价值一倍以上五倍以下的罚款。"

市林业局采纳了第一种意见。

**【案件评析】**在司法机关不予追究刑事责任的情况下，林业局的处理是正确的。

本案的关键问题是，对武某的处罚应当如何适用法律规定。

《刑法》第三百四十一条第一款规定，"非法猎捕、杀害国家重点保护的珍贵、濒危野生动物的，或者非法收购、运输、出售国家重点保护的珍贵、濒危野生动物及其制品的，处五年以下有期徒刑或者拘役，并处罚金。"本案中，武某通过网络违法购买国家二级保护野生动物，涉嫌构成犯罪，应当在司法机关不予追究刑事责任的情况下，才能转为行政处罚。

本案中，武某通过网络违法购买国家二级保护野生动物，在司法机关不予追究刑事责任的情况下，属于《野生动物保护法》第二十七条第一款规定的非法购买国家重点保护野生动物行为，此行为应当按照《野生动物保护法》第四十八条第一款规定，由县级以上人民政府野生动物保护主管部门没收野生动物，并处野生动物价值二倍以上十倍以下的罚款。同时，武某在未经有关部门审批的情况下，非法购买鹦鹉进行驯养，属于《野生动物保护法》第二十五条第二款规定的未取得人工繁殖许可证繁育国家重点保护野生动物的行为，应当依据《野生动物保护法》第四十七条规定，由县级以上人民政府野生动物保护主管部门没收野生动物及其制品，并处野生动物及其制品价值1倍以上5倍以下的罚款。

武某非法购买国家重点保护野生动物的行为和非法驯养的行为是同一违法行为产生的两种后果。根据《行政处罚法》第二十四条的规定，对当事人的同一违法行为，不得给予两次以上罚款的行政处罚。因此不能既对非法购买野生动物的行为给予罚款也对非法驯养的行为进行罚款，二者只能择重进行处罚。本案中《野生动物保护法》第四十八条第一款规定比《野生动物保护法》第四十七条的规定处罚要重，所以林业局选择观点一进行处罚是正确的。

**【观点概括】** 对同一违法行为不能进行两次以上的罚款。应当按照一事不再罚原则，择其重者进行处罚。

## 14 非法收购野生动物制品应如何处理

**【基本案情】** 2019年3月8日，刘某通过微信联系，以支付宝转账的方式购买了猛犸象牙制品，但是邮寄给他的实际物品经国家林业和草原局森林公安司法鉴定中心鉴定为象牙制品。重量为

27.1 克。

**【处理意见】** 在案件办理过程中，存在两种处理意见：

第一种意见认为，刘某通过网络购买了象牙制品，象牙制品属于国家一级保护野生动物制品。违反了《野生动物保护法》第二十七条第一款"禁止出售、购买、利用国家重点保护野生动物及其制品"之规定，依据《野生动物保护法》第四十八条，参照《某省林业厅关于印发新修订的<某省林业厅行政处罚裁量权基准制度>的通知》（某林发〔2016〕34号）第二十三条第三款作出行政处罚决定。

第二种意见认为，通过该案件刘某供述笔录及其与卖家的微信聊天记录均显示其想要购买的是猛犸象牙制品，虽卖家给其发货的镯子经鉴定为非洲象或亚洲象象牙制品，但现有证据证明刘某没有购买亚洲象牙或非洲象牙制品的主观故意，因此认为不应给予刘某行政处罚。

市林业局采纳了第一种意见，按照《野生动物保护法》第四十八条，参照《某省林业厅关于印发新修订的<某省林业厅行政处罚裁量权基准制度>的通知》（某林发〔2016〕34号）第二十三条第三款之规定，没收刘某的象牙制品并处象牙价值8倍的罚款。

**【案件评析】** 林业局的处理值得商榷。

本案的关键问题是，对主观没有过错的违法行为是否可以不予处罚？《行政处罚法》第三条规定，"公民、法人或者其他组织违反行政管理秩序的行为，应当给予行政处罚的，依照本法由法律、法规或者规章规定，并由行政机关依照本法规定的程序实施。"一种观点认为，主观过错并不是应受行政处罚行为的构成要件之一，单纯客观违法即可予以处罚。实践中，除了法律法规中明确规定了违法行为人主观状态的情况，行政机关几乎普遍都采用"客观违法"的标准。其原因一方面在于除部分单行法律法规外，《行政处罚法》和绝大多数的单行法中都没有将主观因素设定为必备要件；另一方面则是基于提高执法效率和节省执法资源的实际考虑，不苛求行政机关去探明当事人的主观意志因素。另一种观点认为《行政处罚法》第三条采用了过错推定原则，行政处罚的重点在于惩戒违法行为人，维护社会管理秩序，因此比司法更重效率，不可能花大量精力在调查行为人的主观状态上；再者，大多数受行政处罚的行为规定本身都包含了主观成分，所以除非行为人能提出自己无过错的证据，否则一律推定为主观上有过错而予以处罚。本案市林业局以象牙制品作为处罚证据，采纳第一种意见进行处罚。但通过该案刘某供述笔录及其与卖家的微信聊天记录均显示其想要购买的是猛犸象牙制品，现有证据证明刘某没有购买亚洲象牙或非洲象牙制品的主观故意。结合新修订的《行政处罚法》(2021年7月15日施行)第三十三条第二款"当事人有证据足以证明没有主观过错的，不予行政处罚。法律、行政法规另有规定的，从其规定"之规定，本案应当按照第二种意见处理。

【观点概括】当事人有证据足以证明没有主观过错的，不予行政处罚。法律、行政法规另有规定的，从其规定。

## 15 在不知情状况下非法收购、驯养国家重点保护野生动物应如何定性

【基本案情】2019年7月23日，某区某镇村民刘某某向李某某购买了一只双方都不知道叫什么的鸟，围观的人说是只鹧鸪，但驯养一段时间后，所购买的"幼鸟"，长出箐鸡的羽毛，才发现自己所购买是一只箐鸡。经鉴定，刘某某所购买的鸟为白腹锦鸡。

【处理意见】在案件处理过程中，存在两种不同意见：

第一种意见认为，刘某某、李某某所交易的鸟为国家二级保护野生动物白腹锦鸡，二人的行为触犯了《刑法》第三百四十一条第一款的规定，涉嫌非法收购、出售珍贵、濒危野生动物罪，应当依法追究刑事责任。

第二种意见认为，刘某某、李某某主观上不明知其所交易的动物是国家二级保护野生动物白腹锦鸡，因此不构成非法收购珍贵、濒危野生动物罪。但刘某某无人工繁育许可证驯养白腹锦鸡的行为，违反了《野生动物保护法》第二十五条的规定，涉嫌非法人工繁育国家重点保护野生动物的违法行为，应当立为林业行政案件进行查处。

森林公安采纳了第二种意见。

**【案件评析】** 森林公安的定性是正确的。

本案的关键问题是，对刘某某、李某某的行为如何定性。

非法收购、出售珍贵、濒危野生动物罪的主观方面表现为故意，即明知是珍贵、濒危野生动物，而故意非法收购、出售。如果行为人确实不知道是国家重点保护的野生动物或出于过失而非法收购、出售的，不构成本罪。至于行为人是否对法律明知，对野生动物的保护级别是否明知，均不影响本罪的成立。

本案中，民警对刘某某和李某某进行了询问，调取了两人的微信记录和图片，并对养殖现场进行了勘验，证实刘某某和李某某在交易时，不明知交易的鸟为白腹锦鸡，二人无非法收购、出售珍贵、濒危野生动物的主观故意，不能立为刑事案件进行查处。但刘某某无人工繁育许可证驯养白腹锦鸡的行为，违反了《野生动物保护法》第二十五条的规定："人工繁育国家重点保护野生动物的，应当经省、自治区、直辖市人民政府野生动物保护主管部门批准，取得人工繁育许可证。"涉嫌非法人工繁育国家重点保护野生动物的违法行为，立为林业行政案件进行查处。

**【观点概括】** 案件的定性应以取得的证据为依据。人工繁育国家重点保护野生动物的，应当取得人工繁育许可证。

## 16 在饭店查获的无合法来源证明的野生动物制品价值如何认定

**【基本案情】** 2020年4月10日,某县森林公安局在开展野生动植物保护专项行动中,在杨某某经营的饭店内检查出野生动物制品一块,经询问无任何合法来源证明,于是将涉案野生动物制品暂扣。经调查,查获的野生动物为某省二级重点保护野生动物黄麂(左后腿,重量400克),为偶蹄目鹿科所有种,据当事人陈述,涉案野生动物黄麂左后腿是他在菜市场以230元买来准备过年自己食用的。

**【处理意见】** 本案对杨某某行为认定为非法利用非国家重点保护野生动物,依法没收野生动物黄麂(左后腿),并处以涉案野生动物制品价值3倍罚款。但对于涉案野生动物制品价值的认定存在两种意见:

第一种意见认为,对查获的野生动物黄麂(左后腿)价值应按整只价值认定。

第二种意见认为,对查获的野生动物黄麂(左后腿)价值核算应根据实际情况去除头部及部分身体,按野生动物五分之一价值计算。

县林业局按第二种意见对杨某某处没收野生动物黄麂(左后腿)价值(3000×1/5=600元)3倍的罚款,共计1800元。

**【案件评析】** 县林业局的处理是正确的。

本案中,涉案野生动物经鉴定为某省二级重点保护野生动物黄麂(左后腿),属野生动物制品。根据《野生动物及其制品价值评估方法》(国家林业局令第46号,2017年12月15日起施行)第五条规定,"野生动物制品的价值,由核算其价值的执法机关或者评估机构根据实际情况予以核算,但不能超过该种野生动物的整体价值。但是，省级以上人民政府林业主管部门对野生动物标本和其他特殊野生动物制品的价值核算另有规定的除外。"本案查获的野生动物制品只是黄麂的一部分(左后腿)，因此，对其价值的认定不应按照整只价值核算，所以，第一种意见是错误的。

同时，《野生动物及其制品价值评估方法》(2017年12月15日起施行)第四条第一款第二项规定，"地方重点保护的野生动物和有重要生态、科学、社会价值的野生动物，按照所列野生动物基准价值核算；"第六条规定，"野生动物及其制品有实际交易价格的，且实际交易价格高于按照本方法评估的价值的，按照实际交易价格执行。"本案中，按照《陆生野生动物基准价值标准目录》，涉案野生动物黄麂属偶蹄目鹿科所有种，其基准价值为3000元；而本案中该野生动物黄麂(左后腿)实际交易价格是230元，低于《野生动物及其制品价值评估方法》评估的价值，所以应按照评估的价值3000元执行。另外，根据实际情况，考虑到涉案野生动物制品只是黄麂的一个左后腿，对其价值核算应去除头部及部分身体，因此，按实际野生动物的五分之一计算价值比较适当，即3000元×1/5＝600元。

**【观点概括】**对于野生动物制品价值的认定，首先要对野生动物的品种及保护级别进行鉴定，其次结合《野生动物及其制品价值评估方法》规定和野生动物制品实际情况(部分还是整体)再对其价值进行核算。

# 17 出售非国家重点保护野生动物未提供合法来源证明如何定性

**【基本案情】**2020年1月19日，接群众举报，称有人在农贸市场贩卖野生动物。接警后，某县森林公安局会同市场监管局的工作人员立即赶赴现场展开调查。在市场监管局工作人员的配合下，林业局执法人员对现场进行仔细勘验和检查，在当事人的见证下，现

# 第七章
## 违反野生动物保护法规案件

场查获黄麂半制品12.4公斤,野兔半制品5.7公斤,野猪半制品128.5公斤、蛇类半制品2.4公斤(经核实某县没有国家重点保护蛇类)、果子狸半制品3.2公斤。执法人员对所有的野生动物进行了登记保存,对现场执法情况进行全程录音录像。现场勘验结束以后,林业执法人员对当事人徐某进行了详细的询问,以上野生动物的制品及其半制品均无法提供合法来源证明(狩猎证、检疫证等证明)。

**【处理意见】**县林业局在处理该案件时,有两种处理意见:

第一种意见认为,依据《某省陆生野生动物保护条例》第二十七条"经营利用陆生野生动物或者其产品,必须按管理权限报经县级以上陆生野生动物行政主管部门批准,取得陆生野生动物经营利用核准证"之规定,徐某某有《某省陆生野生动物经营利用核准证》,不认定为违法行为。

第二种意见认为,依据《野生动物保护法》第二十七条第四款"出售、利用非国家重点保护野生动物的,应当提供狩猎、进出口等合法来源证明"之规定,徐某某无陆生野生动物合法来源证明,应认定构成违法行为。

县林业局采纳了第二种意见。经某县价格认证中心鉴定,野生动物价值为8194元。根据以上证据,依据《野生动物保护法》第四十八条第二款的规定,对当事人徐某某处野生动物制品价值2倍的罚款,共计16388元,对没收的野生动物制品及其半制品进行了无公害处理。

**【案件评析】**县林业局的处理是正确的。

(1)当事人有经营许可证的情况下为何还要对其进行处罚?根据《野生动物保护法》第二十七条第四款规定,"出售、利用非国家重点保护野生动物的,应当提供狩猎、进出口等合法来源证明。"徐某某虽有经营利用核准证,但不能提狩猎证、检疫证等合法来源证明,所以徐某某的行为已构成未持有合法来源证明出售非国家重点保护野生动物的违法行为,根据《野生动物保护法》第四十八条第二款规定,"未持有合法来源证明出售、利用、运输非国家重点保护野生动物的,由县级以上地方人民政府野生动物保护主管部门或者市场监督管理部门按照职责分工没收野生动物,并处野生动物价值一倍以上五倍以下的罚款。"根据这条规定某县林业局对徐某某作出了上述处罚。

(2)野生动物价值认定。根据《野生动物及其制品价值评估方法》(国家林业局令第46号,自2017年12月15日起施行)第五条"野生动物制品的价值,由核算其价值的执法机关或者评估机构根据实际情况予以核算,但不能超过该种野生动物的整体价值"来认定这些野生动物制品及其半制品的实际价值。本案徐某某出售的是野生动物制品及其半制品,无法确定野生动物的整体数量,本案根据《野生动物及其产品(制品)价格认定规则》(发改价证办〔2014〕246号),按市场价格认定价值更为合理,故聘请价格认证中心出具了《价格认定结论书》,根据第三方出具的价格认定书,对当事人徐某某作出的行政处罚也更有说服力。

【观点概括】即使办理了非国家重点保护野生动物经营利用许可证,在出售、利用非国家重点保护野生动物时,也应当提供狩猎、进出口等合法来源证明。

## 18 未持有合法来源证明出售非国家重点保护野生动物案件中野生动物价值如何认定

【基本案情】2019年12月31日,公安北辰分局某派出所接群众举报称,姜某在网上贩卖野生鸟类。公安机关立即出动,在姜某住处查获10只鸟,其中5只沼泽山雀、2只柳莺、2只暗绿绣眼鸟、1只蓝喉歌鸲。经查,姜某在未持有任何合法来源证明的情况下,于2019年12月22~30日,在个人微信朋友圈发布6则售卖信息,欲将其饲养的1只柳莺、1只暗绿绣眼鸟、1只蓝喉歌鸲出售。

经技术部门鉴定，上述鸟类均为有重要生态、科学、社会价值的野生动物，属非国家重点保护野生动物。

【处理意见】对姜某未持有合法来源证明出售非国家重点保护野生动物价值的认定，存在两种不同意见：

第一种意见认为，当场查获鸟类数量为 10 只，应据此认定姜某未持有合法来源证明出售非国家重点保护野生动物价值为该 10 只鸟的价值。

第二种意见认为，姜某朋友圈所发信息显示欲售卖鸟类数量为 3 只，且未有其他证据证明姜某存在非法出售其他 7 只鸟的行为，应据此认定姜某未持有合法来源证明出售非国家重点保护野生动物价值为该 3 只鸟的价值。

某委根据第二种意见，认定姜某未持有合法来源证明出售非国家重点保护野生动物 3 只，并据此进行处罚。

【案件评析】违法事实的认定应以取得的证据为基础，离开证据就没有所谓的"事实"。本案中，不能将姜某持有鸟类的数量等同于其非法出售鸟类的数量，并以此认定野生动物价值，持有行为并不等同于售卖行为。只能依据取得的姜某在个人朋友圈发布出售 3 只鸟类信息的证据，据此认定姜某非法出售鸟类数量为 3 只，每只价值为 300 元，以此认定野生动物价值共计 900 元。

某委依据《野生动物保护法》第四十八条第二款"违反本法第二十七条第四款、第三十三条第二款规定，未持有合法来源证明出售、利用、运输非国家重点保护野生动物的，由县级以上地方人民政府野生动物保护主管部门或者市场监督管理部门按照职责分工没收野生动物，并处野生动物价值一倍以上五倍以下的罚款"之规定，处姜某未持有合法来源证明出售非国家重点保护野生动物价值 1 倍的罚款，处罚款 900 元。

【观点概括】违法行为的定性、违法事实的认定、处罚金额的确定都应当以取得的证据为依据。

# 19 未取得狩猎证猎捕非国家重点保护野生动物的行为应如何处理

**【基本案情】** 2018年12月，某地村民张某、王某等6人在山林中，用鹰来猎捕野兔，现场共查获鹰2只，野兔6只。经查，涉案6人未取得狩猎证，擅自猎捕非国家重点保护野生动物，涉嫌无狩猎证猎捕野生动物违法行为。同时，该案中2只鹰亦为非法猎捕所得，涉案人员已涉嫌非法猎捕珍贵、濒危野生动物罪作另案处理，本案例中不再陈述。

**【处理意见】** 在案件处理过程中，存在两种不同意见：

第一种意见认为，该6人未取得狩猎证，擅自猎捕非国家重点保护野生动物，其行为已触犯了《刑法》第三百四十一条第二款之规定，涉嫌非法狩猎罪，应追究其刑事责任。

第二种意见认为，该6人不应追究刑事责任。其行为违反了《野生动物保护法》第二十二条之规定，涉嫌无狩猎证猎捕野生动物违法行为，应依据《野生动物保护法》第四十六条，处以没收猎获物、猎捕工具，并处猎获物价值1倍以上5倍以下的罚款，作出行政处罚。

执法部门根据第二种意见，将张某、王某等6人的行为定性为无狩猎证猎捕野生动物违法行为，依法对其作出行政处罚。

**【案件评析】** 执法部门的定性是正确的。

本案的关键问题是，该6人未取得狩猎证，擅自猎捕野生动物行动应当如何定性，是否构成非法狩猎罪。

非法狩猎罪四大构成要件：①客体要件，本罪侵犯的客体是国家野生动物资源的管理制度，非法狩猎罪的对象是非国家重点保护野生动物；②客观要件，本罪在客观方面表现为违反狩猎法规，在禁猎区、禁猎期或者使用禁用的工具、方法进行狩猎，破坏野生动物资源,情节严重的行为;③主体要件,本罪主体是一般主体,无论是专门从事狩猎的人员还是其他公民,只要达到刑事责任年龄、具备刑事责任能力的,都可以构成本罪,单位亦可构成本罪主体;④主观要件,本罪在主观方面表现为故意,过失不构成本罪。

本案中,张某、王某等6人,非法狩猎行为缺少客观要件,所以不构成非法狩猎罪。因为非法狩猎行为在客观上必须是情节严重的行为,才构成犯罪。根据最高人民法院《关于审理破坏野生动物资源刑事案件具体应用法律若干问题的解释》(法释〔2000〕37号)第六条及《最高人民检察院、公安部关于公安机关管辖的刑事案件立案追诉标准的规定(一)》(公通字〔2008〕36号)第六十六条具体规定要求:"违反狩猎法规,在禁猎区、禁猎期或者使用的工具、方法进行狩猎,破坏野生动物资源,涉嫌下列情之一的,应予立案追诉:(一)非法狩猎野生动物二十只以上的;(二)在禁猎区使用禁用的工具或者禁用的方法狩猎的;(三)在禁猎期内使用禁用的工具或者禁用的方法狩猎的;(四)其他情节严重的情形。再具体结合本案,猎获物为6只野兔,数量未达到20只。"最后本案的焦点在禁猎区使用鹰来猎捕野生动物是否是禁用的工具或方法。经查,鹰没有明确法律规定为禁用的工具或方法。故依据罪刑法定原则,张某某、王某某等6人非法狩猎行为达不到追诉标准,不构成非法狩猎罪,应依法作出行政处罚。

**【观点概括】**"未取得狩猎证、未按照狩猎证规定猎捕非国家重点保护野生动物"的行为,是否构成非法狩猎罪,应当依据法律和事实确定。非法狩猎罪的入罪标准:第一,违反了"三禁"(即禁猎期、禁猎区以及禁用工具和方法)之一+非法狩猎野生动物20只以上;第二,在禁猎期使用禁用的工具、方法狩猎;第三,在禁猎区使用禁用的工具、方法狩猎的;第四,具有其他严重情节的。

## 20 违法猎捕、出售保护野生动物应如何定性处罚

**【基本案情】** 2020年10月，某省某村赵某为补贴家里伙食，擅自在村集体山上猎捕野生保护动物，并在市场摆卖出售，尚未卖出就被查获。县人民检察院作出不起诉决定，交由县林业局立行政案件查处。猎捕物含2只白鹇，属国家二级保护野生动物（市场价共1000元）；8只"三有"保护动物，雉鸡3只、豪猪5只（市场价共800元）。

**【处理意见】** 对赵某违法猎捕、出售保护野生动物的处罚有两种不同意见：

第一种意见认为，赵某违法猎捕、出售保护野生动物，违反《野生动物保护法》第二十一条、第二十二条，依照第四十五条规定，没收猎获物、猎捕工具和违法所得，并处猎获物价值2倍以上10倍以下的罚款；依照第四十六条规定，对国家"三有"保护动物，没收猎获物、猎捕工具和违法所得，吊销狩猎证，并处猎获物价值1倍以上5倍以下的罚款。出售国家二级保护野生动物，违反《野生动物保护法》第二十七条第一款和第二款的规定，依照第四十八条规定，可处没收野生动物及其制品和违法所得，并处野生动物及其制品价值2倍以上10倍以下的罚款；出售非国家重点保护野生动物，违反《野生动物保护法》第二十七条第四款规定，依照第四十八条规定，没收野生动物，并处野生动物价值1倍以上5倍以下的罚款。赵某的行为，既有猎捕，又有出售，在处罚适用法律时，属于法条竞合，应择一行为从重处罚；因法律上对于猎捕和出售的行为规定了同样的处罚标准，所以以猎捕或者出售进行处罚都可以。但因赵某的猎捕行为已实施，出售行为尚未完成，所以以违法猎捕为案由进行处罚较为恰当。

第二种意见认为，赵某违法猎捕、出售保护野生动物，违反

《野生动物保护法》第二十一条、第二十二条和第二十七条第一、二款的规定,根据《全国人民代表大会常务委员会关于全面禁止非法野生动物交易、革除滥食野生动物陋习、切实保障人民群众生命健康安全的决定》(以下简称《决定》)第一条"凡《中华人民共和国野生动物保护法》和其他有关法律禁止猎捕、交易、运输、食用野生动物的,必须严格禁止。""对违反前款规定的行为,在现行法律规定基础上加重处罚"的规定,对赵某猎捕、出售保护野生动物的行为,应当依照《野生动物保护法》第四十五条、第四十六条、第四十八条规定加重处罚。赵某的行为,既有猎捕,又有出售,在处罚适用法律时,属于法条竞合,应择一行为从重处罚;因法律上对于猎捕和出售的行为规定了同样的处罚标准,所以以违法猎捕或者出售为案由进行处罚都可以。但因赵某的猎捕行为是为了出售,所以以违法出售为案由进行处罚较为恰当。

处理结果:县林业局以赵某违法猎捕、出售保护野生动物违反《野生动物保护法》第二十一条、第二十二条规定为由,根据《野生动物保护法》第四十五条、第四十六条和《决定》第一条第二款的规定,对赵某违法猎捕国家二级保护动物的行为处以没收猎获物、猎捕工具和违法所得,并处猎获物价值2倍以上20倍以下的罚款;对赵某违法猎捕国家"三有"保护动物的行为,处以没收猎获物、猎捕工具和违法所得,并处猎获物价值2倍以上10倍以下的罚款。

【案件评析】县林业局的处理是正确的。

(1)《决定》是全国人民代表大会常务委员会根据我国野生动物保护管理需要,对《野生动物保护法》作出的修改,在野生动物保护执法中应当执行《决定》的规定。《决定》第一条规定:"凡《中华人民共和国野生动物保护法》和其他有关法律禁止猎捕、交易、运输、食用野生动物的,必须严格禁止。""对违反前款规定的行为,在现行法律规定基础上加重处罚。"《野生动物保护法》第四十五条规定,违法猎捕国家重点保护动物的,没收猎获物、猎捕工具和违法所得，并处猎获物价值 2 倍以上 10 倍以下的罚款;《决定》实施后，加重处罚应按猎获物价值 2 倍以上 20 倍以下的予以罚款。《野生动物保护法》第四十六条规定，违法猎捕国家"三有"保护动物，没收猎获物、猎捕工具和违法所得，并处猎获物价值 1 倍以上 5 倍以下的罚款。《决定》实施后，加重处罚应按猎获物价值 2 倍以上 10 倍以下予以罚款。对此，《某省野生动物保护管理条例》第四十二条规定，"违反本条例第十九条、第二十条、第二十二条规定，猎捕、杀害野生动物的，由县级以上野生动物保护主管部门或者有关自然保护地管理机构按照职责分工没收猎获物、猎捕工具和违法所得，吊销猎捕许可，并按照以下规定处以罚款；构成犯罪的，依法追究刑事责任：(一)属于国家重点保护野生动物的，并处猎获物价值二倍以上二十倍以下的罚款；没有猎获物的，并处一万元以上十万元以下的罚款；(二)属于非国家重点保护野生动物的，并处猎获物价值二倍以上十倍以下的罚款；没有猎获物的，并处一万元以上五万元以下的罚款……"与《决定》的规定是一致的。

(2)关于以出售为目的，猎捕野生动物并予以出售的行为，是以猎捕或者出售为案由哪一个更合适的问题。本案中，赵某的行为，既有猎捕，又有出售，在处罚适用法律时，属于法条竞合，应择一行为从重处罚；因法律上对于猎捕和出售的行为规定了同样的处罚标准，所以以违法猎捕或者出售为案由进行处罚都可以。但因赵某的猎捕行为已实施，出售行为尚未完成，所以以违法猎捕、出售为案由，按照非法狩猎的处罚标准处罚，非法出售被非法狩猎行为吸收了，非法出售属于牵连行为而非单独的违法行为。如果出售行为已完成，则以违法猎捕、出售为案由，按照非法出售的处罚标准处罚，非法狩猎被非法出售行为吸收了，非法狩猎属于牵连行为而非单独的违法行为。

(3)关于野生动物的价值问题。本案中猎捕物白鹇 2 只，市场价共为 1000 元；"三有"保护动物，雉鸡 3 只、豪猪 5 只，市场价共为800元。但在进行野生动物执法时,不能单纯按照市场价确定野生动物的价值。国家林业局于2017年11月1日,以国家林业局令第46号发布了《野生动物及其制品价值评估方法》,该《办法》第四条规定,"野生动物整体的价值,按照《陆生野生动物基准价值标准目录》所列该种野生动物的基准价值乘以相应的倍数核算;国家二级保护野生动物,按照所列野生动物基准价值的五倍核算;地方重点保护的野生动物和有重要生态、科学、社会价值的野生动物,按照所列野生动物基准价值核算。"按照《陆生野生动物基准价值标准目录》,赵某所猎捕各种动物的基准价值为白鹇1000元、豪猪500元、雉鸡300元,折算后各种动物的实物价值为白鹇1000元/只、豪猪500元/只、雉鸡300元/只,2只白鹇2000元,3只雉鸡900元,5只豪猪2500元。

【观点概括】《决定》是全国人民代表大会常务委员会对如何执行《野生动物保护法》作出的法律文件,在野生动物保护执法中应予贯彻执行。对于猎捕出售野生动物,既有猎捕又有出售行为,在处罚适用法律时,属于法条竞合,应择一行为从重处罚;在猎捕、出售处罚等同的情形下,已出售的,按出售吸收猎捕处理,未完成出售,按猎捕吸收出售处理。关于野生动物的价值问题,应执行《野生动物及其制品价值评估方法》的规定,不能简单以市场价值计算。

## 21 猎捕在野外环境自然生长繁殖的陆生野生动物应如何定性

【基本案情】2020年7月,某省沙河村李某擅自在村集体山上挂网猎捕野生鸟类,被人举报,经县林业局立行政案件查处。猎捕物含5只文鸟,9只白腰文鸟(市场价共200元),准备冒充麻雀出售,文鸟、白腰文鸟均非国家重点保护动物,也未列入"三有"保护目录。

**【处理意见】** 对李某违法猎捕野生鸟类的处罚有两种不同意见:

第一种意见认为,李某违法猎捕野生动物,因猎获物为非国家保护动物。违反《野生动物保护法》第二十四条的规定,按没有猎获物,依照第四十六条有关没有猎获物的处2000元以上10000元以下的罚款的规定处罚。

第二种意见认为,李某违法猎捕其他陆生野生动物,违反《野生动物保护法》第二十四条的规定,根据《决定》第二条"全面禁止食用国家保护的'有重要生态、科学、社会价值的陆生野生动物'以及其他陆生野生动物,包括人工繁育、人工饲养的陆生野生动物。""全面禁止以食用为目的猎捕、交易、运输在野外环境自然生长繁殖的陆生野生动物。""对违反前两款规定的行为,参照适用现行法律有关规定处罚"的规定,对李某猎捕其他陆生野生动物的行为,应当参照《野生动物保护法》第四十六条规定,没收猎获物、猎捕工具,并处猎获物价值1倍以上5倍以下的罚款。

处理结果:林业局以李某违法猎捕其他陆生野生动物违反《野生动物保护法》第二十四条规定为由,依照《决定》第二条第三款规定,参照《野生动物保护法》第四十六条规定,对李某处没收猎获物、猎捕工具,并处猎获物价值1倍以上5倍以下的罚款。

**【案件评析】** 林业局的处理是正确的。

(1)《决定》是全国人民代表大会常务委员会根据我国野生动物保护管理需要,对《野生动物保护法》作出的修改,在野生动物保护执法中应当执行《决定》的规定。《决定》第二条规定:"全面禁止食用国家保护的'有重要生态、科学、社会价值的陆生野生动物'以及其他陆生野生动物,包括人工繁育、人工饲养的陆生野生动物。""全面禁止以食用为目的猎捕、交易、运输在野外环境自然生长繁殖的陆生野生动物。""对违反前两款规定的行为,参照适用现行法律有关规定处罚。"《野生动物保护法》第四十六条规定,违法猎捕国家"三有"保护动物,没收猎获物、猎捕工具和违法所得,并处猎获物价值1倍以上5倍以下的罚款。《决定》实施后,违法猎捕其他陆生野生动物的,参照《野生动物保护法》第四十六条规定,违法猎捕国家"三有"保护动物,没收猎获物、猎捕工具和违法所得,并处猎获物价值1倍以上5倍以下的罚款。对此,《某省野生动物保护管理条例》第四十二条规定,"违反本条例第十九条、第二十条、第二十二条规定,猎捕、杀害野生动物的,由县级以上野生动物保护主管部门或者有关自然保护地管理机构按照职责分工没收猎获物、猎捕工具和违法所得,吊销猎捕许可,并按照以下规定处以罚款;构成犯罪的,依法追究刑事责任:……(三)以食用为目的猎捕、杀害其他陆生野生动物的,并处猎获物价值一倍以上五倍以下的罚款;没有猎获物的,并处二千元以上一万元以下的罚款。"与《决定》的规定是一致的。

(2)关于野生动物的价值问题。本案中猎捕物含5只文鸟,9只白腰文鸟(市场价共200元)。但在进行野生动物执法时,不能单纯按照市场价确定野生动物的价值。国家林业局于2017年11月1日,以国家林业局令第46号发布了《野生动物及其制品价值评估方法》,该办法第四条规定,"野生动物整体的价值,按照《陆生野生动物基准价值标准目录》所列该种野生动物的基准价值乘以相应的倍数核算;国家二级保护野生动物,按照所列野生动物基准价值的五倍核算;地方重点保护的野生动物和有重要生态、科学、社会价值的野生动物,按照所列野生动物基准价值核算。"按照《陆生野生动物基准价值标准目录》,李某所猎捕文鸟、白腰文鸟属于雀形目,最基本的价值为300元/只。

**【观点概括】**《决定》是全国人民代表大会常务委员会对如何执行《野生动物保护法》作出的法律文件,在野生动物保护执法中应予贯彻执行。关于野生动物的价值问题,应执行《野生动物及其制品价值评估方法》的规定,不能简单以市场价值计算。

# 第八章

# 违反防沙治沙法规案件

## 1 在沙化土地封禁保护区放牧应如何处罚

**【基本案情】** 2019年5月26日,苏某在树林召镇什拉台村什拉台社泰裕公司林地内放牧,经县林业和草原局执法人员对苏某及见证人张某询问,苏某所放羊只数为160只。

**【处理意见】** 对苏某的行为如何处理,有两种不同意见:

第一种意见认为,对苏某的行为应依据原《森林法》第二十三条第二款和第四十四条第二款规定,决定是否给予行政处罚。因苏某放牧的地点不是幼林地,也不是在特种用途林内放牧,因此不构成违法行为。

第二种意见认为,苏某的行为违反了《中华人民共和国防沙治沙法》(以下简称《防沙治沙法》)第二十二条第一款、《某区实施〈中华人民共和国防沙治沙法〉办法》第十六条第一款规定,已构成违法,应处以罚款。

某县林业和草原局按照第二种意见处理。

**【案件评析】** 原《森林法》第二十三条第二款规定"禁止在幼林地和特种用途林内砍柴、放牧。"所谓幼林地,是指林木尚未成熟的林地(郁闭度0.3以下的新造林地)。原《森林法》第四条第(五)项规定"特种用途林:以国防、环境保护、科学实验等为主要目的的森林和林木,包括国防林、实验林、母树林、环境保护林、风景林,名胜古迹和革命纪念地的林木,自然保护区的森林。"原《森林法》第四十四条第二款"违反本法规定,在幼林地和特种用途林内砍柴、放牧致使森林、林木受到毁坏的,依法赔偿损失;由林业主管部门责令停止违法行为,补种毁坏株数一倍以上三倍以下的树木。"经调查,苏某放牧的地点不是幼林地,该地的林种也不是特种用途林,因此未违反原《森林法》第二十三条第二款的禁止性规定。

苏某放牧的地点为封禁保护区,依据《防沙治沙法》第十二条第二款规定"在规划期内不具备治理条件的以及因保护生态的需要不宜开发利用的连片沙化土地,应当规划为沙化土地封禁保护区,实行封禁保护。"《防沙治沙法》第二十二条第一款规定"在沙化土地封禁保护区范围内,禁止一切破坏植被的活动。"《防沙治沙法》第三十八条规定"违反本法第二十二条第一款规定,在沙化土地封禁保护区范围内从事破坏植被活动的,由县级以上地方人民政府林业草原行政主管部门责令停止违法行为;有违法所得的,没收其违法所得;构成犯罪的,依法追究刑事责任。"《某区实施〈中华人民共和国防沙治沙法〉办法》第十六条第一款规定"在封禁保护区内严禁一切破坏植被的活动"以及第三十二条规定"违反本办法规定,在沙化土地封禁期或者休牧期内放牧的,由旗县级以上人民政府林业或者农牧业行政主管部门按照各自职责,责令停止违法行为,可以按每只(头)并处5元以上10元以下罚款。"苏某的行为已经构成违法,县林业和草原局决定对苏某处以下行政处罚:①责令停止违法行为;②每只羊按照10元罚款进行处罚,共计1600元。

【观点概括】在沙化土地封禁保护区范围内从事破坏植被活动的,由县级以上地方人民政府林业草原行政主管部门责令停止违法行为;有违法所得的,没收其违法所得。依据地方性法规可以按放牧的每只(头)并处罚款。

… 第九章

# 违反森林、草原防火法规案件

# 1 上坟烧纸引发山火应如何处理

**【基本案情】** 2018年2月，李某某到某市历下区龙洞街道办事处某公墓祭祀烧纸，又到公墓上方的土路上给过世的公婆烧纸，点燃的火纸被风刮到了路边的荒草上，引燃了荒草，火势难以控制，最终烧上了山。李某某违规野外用火进而引发山火，点火地点属于森林防火区。经测量，过火面积是5.5亩。

**【处理意见】** 某市森林公安局以李某某的行为违反了《森林防火条例》第二十五条之规定，属非法野外用火，对其进行行政立案调查，依据《森林防火条例》第五十条之规定，对违法行为人李某某作出行政处罚决定：给予警告，并处2000元罚款。

**【案件评析】**《森林防火条例》第二十五条规定"森林防火期内，禁止在森林防火区野外用火。"《某省实施〈森林防火条例〉办法》第十二条规定"每年11月1日至次年5月31日为全省森林防火期。县级以上人民政府应当根据当地森林防火实际，划定森林防火区，并设立明显的边界标志。"本案野外用火时间发生在森林防火期，野外用火区域"公墓上方的土路"在森林防火区。《森林防火条例》第五十条规定："违反本条例规定，森林防火期内未经批准擅自在森林防火区内野外用火的，由县级以上地方人民政府林业主管部门责令停止违法行为，给予警告，对个人并处200元以上3000元以下罚款，对单位并处1万元以上5万元以下罚款。"因此，对李某某的处罚决定适用法律正确。

森林防火期内未经批准擅自在森林防火区内野外用火的，不仅涉及行政处罚，还可能构成刑事犯罪。《最高人民检察院、公安部关于印发<最高人民检察院、公安部关于公安机关管辖的刑事案件立案追诉标准的规定(一)>的通知》(公通字〔2008〕36号)第一条规定："过失引起火灾，涉嫌下列情形之一的，应予立案追诉：(一)

造成死亡一人以上，或者重伤三人以上的；（二）造成公共财产或者他人财产直接经济损失五十万元以上的；（三）造成十户以上家庭的房屋以及其他基本生活资料烧毁的；（四）造成森林火灾，过火有林地面积二公顷以上，或者过火疏林地、灌木林地、未成林地、苗圃地面积四公顷以上的；（五）其他造成严重后果的情形。"

【观点概括】森林防火期内未经批准擅自在森林防火区内野外用火的，应由县级以上地方人民政府林业主管部门对此作出行政处罚；违法行为涉嫌犯罪的，林业主管部门应当及时将案件移送司法机关，依法追究刑事责任。

## 2 擅自在森林防火期、森林防火区内燃放烟花爆竹应如何定性

【基本案情】2017年5月20日21时40分，某市某区居民毛某某，在森林防火期内，以娱乐为由，未经主管部门批准，擅自在某市某区燃放烟花爆竹，引燃东坡梯田内杂草。经查，毛某某燃放烟花爆竹地点属于森林防火区，过火面积约48平方米，无林木损失。

【处理意见】本案处理中，存在以下两种不同意见：

第一种意见认为，毛某某燃放烟花爆竹属于自身休闲娱乐活动，虽然其燃放烟花爆竹的行为导致了山坡上杂草过火，但没有造成林木损失，也未造成经济损失，且燃放烟花爆竹行为属于民俗活动，不需要主管部门许可，因此不属于违法用火行为。

第二种意见认为，毛某某在森林防火期内未经批准擅自燃放烟花爆竹的行为已经构成违法用火，应当按照违法用火行为给予行政处罚。

某区园林绿化局采纳了第二种意见。给予毛某某警告并处500元的罚款。

【案件评析】第二种意见是正确的。

《森林防火条例》第二十五条规定:"森林防火期内,禁止在森林防火区野外用火。因防治病虫鼠害、冻害等特殊情况确需野外用火的,应当经县级人民政府批准,并按照要求采取防火措施,严防失火;需要进入森林防火区进行实弹演习、爆破等活动的,应当经省、自治区、直辖市人民政府林业主管部门批准,并采取必要的防火措施。"第五十条规定:"违反本条例规定,森林防火期内未经批准擅自在森林防火区内野外用火的,由县级以上地方人民政府林业主管部门责令停止违法行为,给予警告,对个人并处200元以上3000元以下罚款,对单位并处1万元以上5万元以下罚款。"

《某市森林防火办法》第七条规定:"禁止在防火区吸烟、燃放烟花爆竹、施放孔明灯等可能引发森林火灾的行为。"第九条规定:"每年11月1日至次年5月31日为森林防火期。"第十一条规定:"森林防火期内,未经批准不得在防火区野外用火。"第二十六条规定:"违反本办法第七条规定,有在防火区吸烟、燃放烟花爆竹、施放孔明灯等可能引发森林火灾行为的,由区县园林绿化行政部门责令改正,给予警告,可处100元以上1000元以下罚款;法律法规规章另有规定的,按照其规定执行。"

毛某某燃放烟花爆竹的行为分析:①从时间及地点分析,该行为发生在2017年5月20日,属于《某市森林防火办法》明确规定的森林防火期内。且经属地政府部门证实,毛某某燃放烟花爆竹地点位于森林防火区内。②从行为上分析,毛某某燃放烟花爆竹属于《某市森林防火办法》第七条、第十一条明令规定的禁止行为,其燃放烟花爆竹的行为不属于《森林防火条例》及《某市森林防火办法》规定的特殊情况下用火行为。

本案中,毛某某明知自己燃放烟花爆竹地点位于森林防火区内,且燃放时间处于森林防火期内,但其认为燃放烟花爆竹属于自身休闲娱乐的民俗活动,可以不受法律法规约束,但殊不知其燃放烟花爆竹的行为造成了不特定的火险隐患,如对引燃的杂草未及时进行扑灭，有可能造成山地植被大面积失火，进而造成较大经济损失或人员伤亡。虽然毛某某主观上没有引燃山火的故意，但其客观上实施了未经主管部门批准擅自燃放烟花爆竹的行为，其行为侵犯了国家对森林防火期内用火行为的管理制度。因该行为引发的后果未达到《国家林业局、公安部关于森林和陆生野生动物刑事案件管辖及立案标准》中规定的刑事案件立案标准，因此毛某某的行为构成了违法用火行政违法行为，应按照《森林防火条例》规定，给予毛某某行政处罚。

【观点概括】违法用火是一种具体的用火行为，包括农事用火、燃放烟花爆竹、施放孔明灯等等。在森林防火期、森林防火区野外用火有严格的批准程序。行为人违反《森林防火条例》的规定，未经批准，在森林防火期内，擅自在森林防火区实施烧荒、燎地边、吸烟、燃放烟花爆竹、施放孔明灯等可能引发森林火灾的行为，均构成违法用火行为。

## 3 森林防火区施工机械打火引发森林火灾应如何处理

【基本案情】2019 年 5 月 21 日 11 时左右，某村发生山火。经现场勘查及走访村干部、护林员及群众，查找到起火点，并锁定王某星和王某冬具有重大嫌疑，经询问此二人供认：2019 年 5 月 21 日 11 时 20 分，因挖掘清理河沟内石块，使用挖掘机炮锤磕石，打出火星，引燃了河沟边的荒草进而引发山火，过火面积约 9 亩，树木是否死亡和受影响程度尚无法确定。根据某鉴定机构出具的起火原因调查报告显示：挖掘机属于可能产生机械火花的设备，在作业过程中，由于炮锤和石头持续摩擦生热，产生机械火花；起火原因是由挖掘机炮锤磕石作业引发。经区森林防火办证明，起火地点属于县级人民政府划定的森林防火区。

**【处理意见】** 在处理该案中，产生了两种不同意见：

第一种意见认为，此案当事人在主观方面不存在故意用火行为，在林区施工，但并未使用明火，操作挖掘机炮锤磕石打火引发山火，应属意外事件。

第二种意见认为，应当按照违法用火行为进行处理。通过继续询问当事人王某冬得知，此前其在其他地方操作挖掘机炮锤磕石施工时，曾经出现过打出火星的情况，但是结果并未起火。当事人明知该机械作业时间长后，会产生火星，有引发山火的可能性，且施工地点位于森林防火区，其行为在主观上至少存在疏忽大意的过失，此案应当按照违法用火行为进行处理。

园林绿化局采纳第二种意见，对王某冬按违法用火行为作出了行政处罚。

**【案件评析】** 第二种意见是正确的。

意外事件是指行为虽然在客观上造成了损害结果，但不是出于行为人的故意或过失，而是由于不能预见的原因所引起的。本案中出现的炮锤磕石打火的情形，虽属比较少见的情形，但据当事人事后称在此前的施工中，曾经出现过打出火星的情况，只是没有造成引发火灾这种严重的后果，而且根据鉴定机构出具的鉴定意见：挖掘机属于可能产生机械火花的设备，在作业过程中，由于炮锤和石头持续摩擦生热，产生机械火花；起火原因是由挖掘机炮锤磕石作业引发。此案行为虽然不是故意用火行为，但是当事人对于起火的结果属于可以事先预见，因此应当采取必要的安全防范措施。本案中，当事人未能采取有效的防范措施，对行为结果的出现，在主观上至少存在疏忽大意的过失。本案中起火地点属于森林防火区，用火行为发生在森林防火期，该行为引发的后果未达到《国家林业局、公安部关于森林和陆生野生动物刑事案件管辖及立案标准》中规定的刑事案件立案标准，因此，该行为应属于违法用火行政违法行为。

**【观点概括】**森林防火期内，禁止在森林防火区野外用火。因施工等原因需在森林防火区野外作业，不属于《森林防火条例》及《某市森林防火办法》规定的特殊情况下用火行为，在施工过程中因施工机械长时间作业，产生打火情况并引发山火的，该行为应构成违法用火。

## 4 在森林防火区内上坟烧纸的行为是否违反治安管理处罚法

**【基本案情】** 2018年4月5日上午9时许，某村村民武某在林地内给其大爷上坟烧纸，被林场工作人员发现，未造成森林火灾。当地林业执法人员根据《森林防火条例》第五十条之规定，责令武某停止违法行为，警告并处400元罚款的林业行政处罚。

**【处理意见】** 在案件处理过程中，存在两种不同的意见：

第一种意见认为，武某在森林防火区内上坟烧纸的行为违反了《森林防火条例》第二十五条之规定，应当根据《森林防火条例》第五十条之规定，给予武某林业行政处罚。

第二种意见认为，武某的行为应当根据《治安管理处罚法》第五十条第一款之规定，以"拒不执行人民政府在紧急状态情况下依法发布的决定、命令"行为论处，给予治安管理处罚。

**【案例评析】** 当地林业执法人员作出的处罚决定是正确的。

根据《森林防火条例》第二十五条的规定："森林防火期内，禁止在森林防火区野外用火。因防治病虫鼠害、冻害等特殊情况确需野外用火的，应当经县级人民政府批准，并按照要求采取防火措施，严防失火。"《某省森林防火规定》第八条规定："每年10月1日至次年5月31日为本省森林防火期。县级以上人民政府可以根据实际情况，具体规定森林防火期，划定森林防火区，并向社会公布。森林防火区内严禁下列野外用火：吸烟、乱丢火种；燃放烟花爆竹、祭祀用火、点放孔明灯；烤火、野炊；燎地边、烧秸秆、烧荒、焚烧垃圾；其他未经批准的用火。"《森林防火条例》第五十条规定："森林防火期内未经批准擅自在森林防火区内野外用火的，由县级以上地方人民政府林业主管部门责令停止违法行为，给予警告，对个人并处200元以上3000元以下罚款，对单位并处1万元以上5万元以下罚款。"

《治安管理处罚法》第五十条规定，"拒不执行人民政府在紧急状态情况下依法发布的决定、命令的，处警告或者二百元以下罚款；情节严重的，处五日以上十日以下拘留，可以并处五百元以下罚款。""拒不执行人民政府在紧急状态情况下依法发布的决定、命令"这一规定应当具备两个条件：一是采取了拒不执行的行为方式。这里所说的"拒不执行"，是指在紧急状态下明知人民政府依法发布的决定、命令的内容，而执意不履行其法定义务的行为。"拒不执行"一般主要表现为经劝说、警告或者处罚后仍不履行法定义务的行为。二是拒不执行的是人民政府在紧急状态情况下依法发布的决定、命令。所谓"紧急状态"，是指危及国家和社会正常的法律秩序，对广大人民群众的生命和财产安全构成严重威胁的、正在发生的或者迫在眉睫的危险事态。只有同时具备了上述两个方面的条件，才是本项所要处罚的行为。如果决定、命令不是人民政府在紧急状态下发布的，而是在一般情况下发布的，不属于本项规定的应当处罚的行为。

根据上述规定，武某于2018年4月5日上坟烧纸的行为，不具备"拒不执行人民政府在紧急状态情况下发布的决定、命令"的条件，所以应当以"擅自在森林防火区内野外用火"的行为给予林业行政处罚。

**【观点概括】** 在森林防火期内，不经批准擅自在森林防火区内野外用火的行为，应当根据《森林防火条例》第五十条的规定，由林业行政主管部门对当事人作出林业行政处罚。

# 第九章 违反森林、草原防火法规案件

## 5 擅自在森林防火区内农事用火应如何定性

**【基本案情】** 2019年10月24日下午，村民汪某某到本户的"点子山"菜地从事农活，期间，汪某某用随身携带的打火机点燃旁边菜地里的干豆萁，因刮起大风引发走火，并迅速蔓延到上边的荒地。经查，汪某某未经任何部门批准同意，在森林防火期内未经批准擅自在森林防火区内野外用火，造成过火面积19.35亩（非林地），未造成森林火灾。

**【处理意见】** 本案处理中，存在以下两种不同意见：

第一种意见认为，汪某某从事农活未经批准野外用火，违反了《森林防火条例》第二十五条之规定，应根据《森林防火条例》第五十条规定，给予林业行政处罚。

第二种意见认为，汪某某的行为未造成森林火灾，违反了《治安管理处罚法》第五十条第一款之规定，应以"拒不执行人民政府在紧急状态情况下依法发布的决定、命令"行为论处，由公安部门给予治安管理处罚。

林业局采纳了第一种意见。

**【案件评析】** 第一种意见是正确的。

第一，汪某某的行为属违规野外用火。

《森林防火条例》第二十五条规定，"森林防火期内，禁止在森林防火区野外用火；因防治病虫鼠害、冻害等特殊情况确需野外用火的，应当经县级人民政府批准，并按照要求采取防火措施，严防失火。"《某县人民政府关于划定森林防火区和森林高风险区的通告》（政通〔2019〕3号）规定，①某县行政区域内所有林业用地以及距离林业用地边缘水平距离100米范围以内划为森林防火区；②每年10月1日至翌年5月3日为某县森林防火期；③在防火期内，禁止在森林防火区内野外用火。因防治病虫鼠害、冻害等特殊情况确需野外用火的,应当经县级人民政府批准。④对违规野外用火行为,依据《治安管理处罚法》《森林防火条例》等法律法规予以处罚,构成犯罪的,依法追究刑事责任。

第二,汪某某的行为不构成"拒不执行人民政府在紧急状态情况下依法发布的决定、命令"。

这一规定应具备两个条件:一是采取了拒不执行的方式。这里所说的"拒不执行"是指在紧急状态下,明知人民政府依法发布的决定、命令的内容,而执意不履行其法定义务的行为。一般表现为经劝说、警告或者处罚后仍不履行法定义务的行为。二是拒不执行的人民政府在紧急状态情况下依法发布的决定、命令中的"紧急状态"是指危及国家和社会正常的法律秩序、对广大人民群众的生命财产安全构成严重危险的、正在发生的或者迫在眉睫的危险事态。只有同时具备上述两个条件,才是该规定所要处罚的行为。

根据上述分析,汪某某从事农活野外用火行为,显然不具备上述两个条件,所以不构成"拒不执行人民政府在紧急状态下发布的决定、命令"的条件,故应以"擅自在森林防火区内野外用火"的行为予以林业行政处罚。

【观点概括】在森林防火期内,不经批准擅自在森林防火区内野外用火的行为,应当根据《森林防火条例》第五十条的规定,由林业行政主管部门对当事人作出林业行政处罚。

## 6 在山场上坟放鞭炮、烧纸钱引发火烧山应如何处理

【案情简介】2017年4月4日上午,某森林公安局接到某市林业局防火办移交案件称:某镇某村发生火烧山,经查,发生火烧山的山场名为坟脚山,当天有村民王某前往山场上坟放鞭炮、烧纸钱。

# 第九章
## 违反森林、草原防火法规案件

**【处理意见】** 在案件处理过程中，有两种不同意见：

第一种意见认为，王某在森林防火期间上坟烧纸，违反了《森林防火条例》第二十五条之规定，应根据《森林防火条例》第五十条规定，给予林业行政处罚，鉴于当事人为孤寡老人，这次就是给儿子上坟，事故发生后其主动承认错误接受处罚，期间也对损失方做出了经济补偿，应根据行政处罚自由裁量权给予最低的处罚标准；

第二种意见认为，王某的行为违反了《治安管理处罚法》第五十条第一款之规定，应以"拒不执行人民政府在紧急状态情况下依法发布的决定、命令"行为论处，给予治安管理处罚。

经审议，林业执法人员根据《森林防火条例》第五十条之规定，对王某给予警告并处200元罚款的林业行政处罚。

**【案件评析】** 林业执法人员作出处罚决定适用法律正确。

第一，王某的行为属违规造成森林火灾案。

《森林防火条例》第二十五条规定，"森林防火期内，禁止在森林防火区野外用火；因防治病虫鼠害、冻害等特殊情况确需野外用火的，应当经市人民政府批准，并按照要求采取防火措施，严防失火。"《某省森林防火条例》第十八条规定了"每年10月1日至翌年4月30日为本省森林防火重点期"；第二十条又规定，"在森林防火重点期内，禁止在森林防火区烧荒、烧田埂草、烧草木灰、焚烧秸杆、吸烟、烤火、野炊、焚香烧纸、燃放烟花爆竹等一切野外用火；"第四十七条规定，"违反本条例规定，森林防火重点期内未经批准擅自在森林防火区进行造林整地、烧除疫木等野外用火的，由县级以上人民政府林业主管部门责令停止违法行为，给予警告，对个人并处二百元以上一千元以下罚款，对单位并处一万元以上二万元以下罚款；情节严重的，对个人并处一千元以上三千元以下罚款，对单位并处二万元以上五万元以下罚款。"因此，林业执法人员对王某作出的处罚决定是正确的。

第二，王某的行为不构成"拒不执行人民政府在紧急状态情况下依法发布的决定、命令"。

这一规定应具备两个条件：一是采取了拒不执行的方式。这里所说的"拒不执行"是指在紧急状态下，明知人民政府依法发布的决定、命令的内容，而执意不履行其法定义务的行为。一般表现为经劝说、警告或者处罚后仍不履行法定义务的行为；二是拒不执行的人民政府在紧急状态情况下依法发布的决定、命令中的"紧急状态"是指危及国家和社会正常的法律秩序、对广大人民群众的生命财产安全构成严重危险的、正在发生的或者迫在眉睫的危险事态。只有同时具备上述两个条件，才是该规定所要处罚的行为。

根据上述分析，王某的上坟烧纸行为，显然不具备上述两个条件，所以不构成"拒不执行人民政府在紧急状态下发布的决定、命令"的条件，故应以"擅自在森林防火区内野外用火"的行为予以林业行政处罚。

【观点概括】在森林防火期内，不经批准擅自在森林防火区内野外用火的行为，应当根据《森林防火条例》第五十条的规定，由林业行政主管部门对当事人作出林业行政处罚。

## 7 在位于森林防火区内的车辆中使用打火机应如何处理

【基本案情】2020年5月，李某驾车在某国有林场活动，期间在其驾驶员位置使用打火机点烟吸烟。

【处理意见】在案件处理过程中，存在两种不同意见：

第一种意见认为，在车内用打火机点烟吸烟，未与外界直接进行接触，不属于在森林防火区内野外用火的范畴，其行为不构成违法。

第二种意见认为，李某的行为构成擅自在森林防火区内野外用火的违法行为，违反了《森林防火条例》第二十五条之规定，应当依据《森林防火条例》第五十条之规定予以处罚。

**【案件评析】**第二种意见是正确的。

擅自在森林防火区内野外用火的行为具有以下几个特征：①从其客体上看，该类行为侵犯的是国家森林防火管理制度。依据《森林防火条例》规定，森林防火期内，禁止在森林防火区野外用火。②在客观方面，须是未经批准擅自在森林防火期、森林防火区内随意野外用火。③在主观方面，该行为由故意或者过失构成。④该行为的主体是14周岁以上具有责任能力的公民、法人或者其他组织。

本案中，虽然李某野外用火的行为发生在其私家车内，但其处于国有林场森林防火区这一大环境之下，其在车内的用火行为造成了一定程度的隐患。同时，李某的行为符合在森林防火期内擅自在森林防火区野外用火违法构成四个要件特征，因此第二种意见正确。

**【观点概括】**在森林防火期内，不经批准在森林防火区的汽车内使用打火机属于擅自野外用火的行为，应当根据《森林防火条例》第五十条的规定，由林业行政主管部门对当事人作出林业行政处罚。

## 8 森林防火期内在自家退耕地清理焚烧杂草树叶应如何处理

**【基本案情】**村民李某在2020年3月底到自家退耕杏树地收拾，将树地内杂草树叶修剪下的树枝拢堆进行焚烧，现场过火面积约0.1亩，未造成其他损失。

**【处理意见】**本案处理中，存在以下三种不同意见：

第一种意见认为，李某是在自家退耕地内收拾地块，是正常的生产管理行为，不属于违法行为。

第二种意见认为，李某收拾树地是正常生产管理行为，但是在防火期内未经批准野外用火,确实违反防火规定,是非法野外用火行为,但焚烧的仅是拢堆的树叶杂草树枝,并未引起其他林地和山体火情,是否可以采取警告不予罚款处罚方式处理。

第三种意见认为,在防火期内未经批准野外用火,李某的行为已构成违法,应当按照非法野外用火行为进行行政处罚。

当地林草主管部门采纳了第三种意见。

**【案件评析】**根据《森林法》《森林防火条例》《草原防火条例》《国家森林火灾应急预案》《某省森林防火重点管理县(市、区)实施办法》《某市森林防火实施细则》《某市森林防火工作责任追究办法》等有关规定,某市在全市范围内发布了2020年春季森林草原封山防火管制规定,从当年的3月1日至5月31日为森林草原封山防火管制期,防火管制期内严禁以下野外用火行为:①烧荒烧茬、烧灰积肥、焚烧秸秆、焚烧垃圾、烧地埂、烘烤加工、爆破作业等野外用火;②坟头烧纸、烧香点烛、燃放鞭炮及烟花、吸烟、烤火、打火把、放孔明灯、玩火自娱、野炊和举办篝火活动等野外用火;③携带火种和易燃易爆品进入林区;④其他易引发森林草原火灾的行为。

本案中,李某明知所在区域已进入封山防火期,严禁各类野外用火行为,仍在退耕林地内使用明火,具有非法野外用火的行为,只是其用火事实危害小,未造成其他经济损失。依据《森林防火条例》第五十条规定,"森林防火期内未经批准擅自在森林防火区内野外用火的,由县级以上地方人民政府林业主管部门责令停止违法行为,给予警告,对个人并处200元以上3000元以下罚款,对单位并处1万元以上5万元以下罚款。林草主管部门对李某作出的行政处罚应当包括警告和罚款。"

**【观点概括】**森林防火期内,禁止在森林防火区野外用火。未经批准实施的野外用火行为,均构成非法野外用火,应依照国家有关法律法规查处。

# 第九章
## 违反森林、草原防火法规案件

## 9 森林火灾案件中失火罪应如何界定

**【基本案情】** 2018年12月25日,某省某村村民郭某在上坟祭奠烧纸,引燃坟地周围荒草,过火宜林荒山320.5亩。

**【处理意见】** 本案处理中,存在以下三种不同意见:

第一种意见认为,郭某在的行为属于过失引起火灾,且过火宜林荒山320.5亩,面积较大,危害了公共安全,应当依据《刑法》以失火罪移交公安机关,追究当事人刑事责任。

第二种意见认为,郭某在的行为属于"在具有火灾危险的场所使用明火",虽然过火面积320.5亩,但过火的地类是宜林荒山,情节轻微,应当依据《中华人民共和国消防法》(以下简称《消防法》)以过失引起火灾移交公安机关,追究当事人治安责任。

第三种意见认为,郭某在的行为属于在森林防火期内,违规野外用火,应当依据《森林防火条例》以森林防火期内违规野外用火,由林业部门进行行政处罚。

林业局采纳了第三种意见,给予郭某:①责令停止违法行为;②给予警告;③处以1500元罚款。

**【案件评析】** 第三种意见是正确的。

《国家林业局、公安部关于森林和陆生野生动物刑事案件管辖及立案标准》(2001年5月9日)规定:①放火案中,"凡故意放火造成森林或者其他林木火灾的都应当立案;过火有林地面积2公顷以上为重大案件;过火有林地面积10公顷以上,或者致人重伤、死亡的,为特别重大案件。"②失火案中"失火造成森林火灾,过火有林地面积2公顷以上,或者致人重伤、死亡的应当立案;过火有林地面积10公顷以上,或者致人重伤、死亡5人以上的为重大案件;过火有林地面积50公顷以上,或者死亡2人以上的,为特别重大案件。"

《消防法》(2019年4月23日)第二十一条"禁止在具有火灾、爆炸危险的场所吸烟、使用明火。"第六十四条第二款"过失引起火灾的,尚不构成犯罪的,处十日以上十五日以下拘留,可以并处五百元以下罚款;情节较轻的,处警告或者五百元以下罚款。"《消防法》第四条第三款规定"法律、行政法规对森林、草原的消防工作另有规定的,从其规定。"《森林防火条例》对森林的消防工作另有规定,因此,本案应当适用《森林防火条例》。

《森林防火条例》(2009年1月1日)第二条规定"本条例适用于中华人民共和国境内森林火灾的预防和扑救。但是,城市市区的除外。"第二十五条"森林防火期内,禁止在森林防火区野外用火。"第四十条第一款"一般森林火灾:受害森林面积在1公顷以下或者其他林地起火的,或者死亡1人以上3人以下的,或者重伤1人以上10人以下的;"第二款"较大森林火灾:受害森林面积在1公顷以上100公顷以下的,或者死亡3人以上10人以下的,或者重伤10人以上50人以下的"。第五十条"违反本条例规定,森林防火期内未经批准擅自在森林防火区内野外用火的,由县级以上人民政府林业主管部门责令停止违法行为,给予警告,对个人并处200元以上3000元以下罚款,对单位并处1万元以上5万元以下罚款。"

某省实施《森林防火条例》办法(1992年12月26日)第九条"每年的1月1日至5月15日为全省的春季森林防火期,其中3月至4月为春季森林防火特险期;12月1日至12月31日为冬季森林防火期。"第十条"森林防火期内,严禁在林区野外用火。"

本案中,郭某在上坟祭奠烧纸引燃宜林荒山杂草的行为不存在主观故意,且过火地类为宜林荒山荒地,也未造成人员伤亡,所以未达到刑事立案标准。郭某在上坟烧纸行为发生的时间属于当地的冬季森林防火期,所在区域为当地规划的森林防火区。林业部门采纳的第三种意见是合适的。

【观点概括】森林防火期内未经批准擅自在森林防火区内野外

用火的，由县级以上地方人民政府林业主管部门责令停止违法行为，给予警告和罚款的行政处罚。违法行为涉嫌犯罪的，行政机关应当及时将案件移送司法机关，依法追究刑事责任。

## 10 擅自野外用火造成林木损毁的如何处理

【基本案情】2018年9月2日，某区国有林场内发生山火。经查，2018年9月2日6时30分至11时30分，该区某园林开发有限公司在未经批准的情况下，在玉峰山镇龙门村村滴水岩处（玉峰山林场国有林内）修建登山步道使用焊接和切割设备，12时许，在未完全排除火灾隐患的情况下，公司工人全部离去，14时25分许引发山火，受害面积15.69亩，烧毁马尾松材积59.6立方米，直接经济损失47710元。

【处理意见】本案处理中，存在两种不同意见：

第一种意见认为，某园林开发有限公司在森林防火期内，未经批准擅自在森林防火区内野外用火，致使森林火灾发生，应当按照《森林防火条例》第五十条、第五十三条之规定，责令补种树木、停止违法行为，给予警告，对个人并处200元以上3000元以下罚款，对单位并处1万元以上5万元以下罚款。

第二种意见认为，某园林开发有限公司的行为致使马尾松材积59.6立方米被毁，直接经济损失47710元。应按照原《森林法》第四十四条之规定，依法赔偿损失；责令停止违法行为，补种毁坏株数一倍以上三倍以下的树木，可以处毁坏林木价值一倍以上五倍以下的罚款。根据《行政处罚法》二十四条之规定，对当事人的同一个违法行为，不得给予两次以上罚款的行政处罚，但属于法条竞合应择其重者进行处罚，则应按照《森林法》第四十四条之规定进行处罚。

区林业局采纳了第一种意见，将其行为定性为擅自野外用火，依法对其进行了处理。

**【案件评析】** 区林业局的处理是正确的。

本案中满足擅自野外用火的构成要件：①主体，某园林开发有限公司为一般主体；②主观方面，其明知未经批准的情况下，在森林防火期和森林防火区内野外用火，表现为故意，但其并无毁坏森林、林木的故意；③客体，其侵犯的是国家森林防火管理制度和国家、集体和他人林木所有权；④客观方面，其实施了野外用火行为，致使森林火灾的发生和森林、林木的毁坏。因未达到《国家林业局、公安部关于森林和陆生野生动物刑事案件管辖及立案标准》中关于失火案的规定，"失火造成森林火灾，过火有林地面积2公顷以上，或者致人重伤、死亡的应当立案；过火有林地面积为10公顷以上，或者致人死亡、重伤5人以上的为重大案件；过火有林地面积为50公顷以上，或者死亡2人以上的，为特别重大案件。"因此，某园林开发有限公司的行为属擅自野外用火行为，应当依照《森林防火条例》的规定进行处罚；对其烧毁马尾松材积59.6立方米，直接经济损失47710元，国有林场可要求其进行赔偿。

**【观点概括】** 擅自野外用火行为常会伴随森林、林木或财产的损失，不能简单地以法条竞合择其重者进行处罚，应当充分考虑该行为具体违法行为的构成要件，选择与违法行为最契合的法律条文适用。

# 第十章

## 违反林业有害生物防治检疫法规案件

## 1 未依法办理植物检疫证书调运活立木如何处理

**【基本案情】** 2020年3月24日9时41分,某市某区林业和草原有害生物防治检疫局执法人员在开展林业植物检疫执法工作中,在某段高速公路收费站出口200米处发现一园林景观工程有限公司用一辆某MBF232的蓝色解放牌货车正在运输活立木,当场不能提供合法有效的植物检疫证书。执法人员到该公司调查植物检疫证书时,在该公司苗圃地内又发现100余株清香木活立木,该公司当场不能提供合法有效的植物检疫证书,涉嫌存在未依法办理植物检疫证书的违法行为。

**【处理意见】** 本案处理中,存在以下三种不同意见:

第一种意见认为,该公司从树木产地向目的地运输活立木,距离仅几十公里,属于市内运输,不需要办理植物检疫证书。

第二种意见认为,该公司在高速公路被现场查获一起未依法办理植物检疫证书的违法行为,在该公司苗圃地内又查获一批未依法办理植物检疫证书的违法行为,应该分为两个案件办理。

第三种意见认为,该公司向目的地运输活立木,其树木产地属于国家级检疫对象薇甘菊疫区,应当依法办理植物检疫证书,该公司被查获的活立木分属两处,仍属于同一公司同一违法行为,符合一事不再罚的原则,应并案查处。

最后某市某区林业和草原有害生物防治检疫局采用了第三种意见。

**【案件评析】** 第三种意见是正确的。

《植物检疫条例》第七条第一项规定,"(一)列入应施检疫的植物、植物产品名单的,运出发生疫情的县级行政区域之前,必须经过检疫。"

《植物检疫条例》第八条规定,"按照本条例第七条的规定必须检疫的植物和植物产品，经检疫未发现植物检疫对象的，发给植物检疫证书。发现有植物检疫对象、但能彻底消毒处理的，托运人应按植物检疫机构的要求，在指定地点做消毒处理，经检查合格后发给植物检疫证书；无法消毒处理的，应停止调运。"

该区林业和草原有害生物防治检疫局经过立案调查，通过询问笔录和现场勘验、检查结果等证实，该批涉案的树木活立木，树种为清香木，规格：高4～6米、地径6.5～29.5厘米、数量123株。该批活立木系该园林景观工程有限公司于2020年3月期间陆续从树木产地（树木产地为薇甘菊疫区）运往目的地境内，未依法办理植物检疫证书。该批调运列入应施检疫的植物，运出发生疫情的县级行政区域之前，未经过检疫，未取得植物检疫证书，违反了上述森林植物检疫法规规定调运活立木，构成未依法办理植物检疫证书的违法行为。

《植物检疫条例》第十八条规定，未依照本条例规定办理植物检疫证书的，植物检疫机构应当责令纠正，可以处以罚款和没收非法所得；对违反规定调运的植物和植物产品，植物检疫机构有权予以封存、没收、销毁或者责令改变用途。

《植物检疫条例实施细则（林业部分）》第三十条规定，未依照规定办理植物检疫证书的，森检机构应当责令纠正，可以处以50元至2000元罚款。

《某省林业行政处罚自由裁量权实施标准》第七十九条规定，未依法办理植物检疫证书或者在报检过程中弄虚作假的处罚细化标准，尚不构成犯罪的，责令纠正，造成损失的，应当责令赔偿，可以没收违法所得，可以按下列标准处罚：①未起运的，可以处50～1000元罚款；②已起运的，可以处1000～2000元罚款。

该公司涉案活立木数量较多，且已起运，应当按照一事不再罚原则，从重进行处罚。依据《植物检疫条例》第十八条第一款第一项和《植物检疫条例实施细则（林业部分）》第三十条第一款第一项的规定，结合《某省林业行政处罚自由裁量权实施标准》第七十九条之规定，某市林业和草原有害生物防治检疫局对当事人某市园林景观工程有限公司处以如下处罚：①责令纠正违法行为，本次运输的123株清香木活立木需向责任区林业和草原有害生物防治检疫局申请植物检疫；②处2000元的罚款。

【观点概括】本案中，某园林景观工程有限公司未从木材产地国家级检疫对象薇甘菊疫区某市某县取得植物检疫证书，向该市另一县跨县调运清香木活立木，属违法行为，应当依法予以处罚。

## ② 未依法办理植物检疫证书调运苗木违法主体如何确认

【基本案情】2018年5月23日，某区某苗木公司负责人吴某在未办理植物检疫证书的情况下，租赁货车从外省运输苗木到该区某房地产开发项目部，苗木价值27700元。

【处理意见】对未依法办理植物检疫证书调运苗木行为违法主体的确认，有三种不同意见：

第一种意见认为，该房地产开发项目部作为苗木的买方，其从苗木公司购买了苗木，是苗木的最终所有权人，该房地产开发项目部应当是无植物检疫证调运苗木的违法主体。

第二种意见认为，货车司机是调运苗木的当事人，无植物检疫证调运苗木这一行为是货车司机具体实施的，货车司机应当是无植物检疫证调运苗木的违法主体。

第三种意见认为，苗木公司负责人吴某是无植物检疫证运输苗木的实施方，也是苗木经营获利方，吴某作为苗木公司的负责人，在调运苗木时，应当提供完善合法的苗木植物检疫证书，因此苗木公司应当是无植物检疫证调运苗木的违法主体。

主管部门根据第三种意见，将这起无植物检疫证调运苗木的违法主体确认为苗木公司,依法对其进行了行政处罚。

【案件评析】行政案件主管部门的定性是正确的。

违法行为的主体应以法律法规为基础。在案件办理过程中,一个违法行为可能涉及多个主体,行政执法人员在判定违法主体时要梳理清楚不同主体之间的关系,确认不同主体在该行为中应当承担的责任和义务。

本案中,某房地产开发项目部作为苗木的买方,与卖方苗木公司签订了苗木供货协议,并明确了卖方要办理完善苗木的相关合法手续,故其不是违法主体。货车司机在运输苗木时,苗木公司未与其约定谁来负责办理调运苗木相关合法手续,除非有充分的证据证实货车司机明知运输苗木需要有检疫证书而在没有证书时仍然故意承运,否则一般过失情况下,货车司机不应当承担违法责任。苗木公司是无植物检疫证运输苗木的实施方,也是苗木经营获利方,其理应知晓苗木经营的相关法律法规,但未办理植物检疫证书违法调运苗木,所以苗木公司应当受到行政机关的处罚。

根据《某市植物检疫条例》第二十条规定,无植物检疫证书调运、经营应施检疫的植物、植物产品的,依照国务院《植物检疫条例》第十八条第一款的规定进行处罚,处以罚款的按1000元以上5000元以下执行。

【观点概括】作出行政处罚前,应仔细甄别,明确不同行为人应承担的责任和义务,以便确认违法行为责任主体。苗木在调运之前,必须经过检疫。调出单位(苗木的卖方)必须向所在地的省、自治区、直辖市植物检疫机构申请检疫。因此,调出单位(苗木的卖方)是未办理植物检疫证书的被处罚人。

## 3 弄虚作假报检森林植物及其产品如何处理

【基本案情】2020年5月25日13时50分,某市某区林业和草原有害生物防治检疫局执法人员在对某苗木花卉种植园开展森林植物及其产品产地检疫工作中发现,该公司申报的森林植物及其产品产地检疫的一批活立木中,其中有25株马缨杜鹃活立木种植在另外一块苗圃地内,没有种植在该公司生产经营地点范围内。经执法人员现场调查,该苗木花卉种植园法人许某不能当场提供25株马缨杜鹃活立木的合法有效来源证明,无法证明这25株马缨杜鹃活立木为该公司所有,该公司存在涉嫌弄虚作假报检森林植物及其产品的违法行为。

【处理意见】本案处理中,存在以下两种不同意见:

第一种意见认为,该公司申报的25株马缨杜鹃活立木,属于该公司法人朋友公司的活立木,朋友间代为申报,不构成违法。

第二种意见认为,该公司已经构成弄虚作假报检森林植物及其产品的违法行为,且公司存在图方便、图省事的主观故意违法行为,应处以重罚。

最后,某市某区林业和草原有害生物防治检疫局采纳了第二种意见。

【案件评析】第二种意见是正确的。

《植物检疫条例》第十八条规定,未依照本条例规定办理植物检疫证书或者在报检过程中弄虚作假的,植物检疫机构应当责令纠正,可以处以罚款和没收非法所得;对违反规定调运的植物和植物产品,植物检疫机构有权予以封存、没收、销毁或者责令改变用途。

《植物检疫条例实施细则(林业部分)》第三十条规定,未依照规定办理植物检疫证书或者在报检过程中弄虚作假的,森检机构应当责令纠正,可以处以50~2000元罚款;造成损失的,应当责令赔偿;构成犯罪的,由司法机关依法追究刑事责任。

经某市某区林业和草原有害生物防治检疫局立案调查,该苗木花卉种植园在申报森林植物及其产品产地检疫时,为了方便将来自己做马缨杜鹃活立木生意少报检一次，于是将朋友公司的25株马缨杜鹃活立木，谎报为自己公司所有，带领检疫人员到其朋友公司苗圃进行检疫，企图弄虚作假，骗取植物产地检疫证书。通过现场勘查、当事人笔录、证人笔录、证人提供的该25株马缨杜鹃活立木运输证等材料证实，该苗木花卉种植园在申报森林植物及其产品产地检疫过程中弄虚作假，违反了上述森林植物检疫法规规定，构成违法行为。

依据《植物检疫条例》第十八条第一款和《植物检疫条例实施细则(林业部分)》第三十条第一款第一项的规定，对当事人该苗木花卉种植园处以下处罚：①责令该公司纠正违法行为，取消本次向该市某区林业和草原有害生物防治检疫局申请森林植物及其产品产地检疫的25株马缨杜鹃活立木的产地检疫资格；②处2000元的罚款。

【观点概括】本案某苗木花卉种植园在申报森林植物及其产品产地检疫过程中弄虚作假的行为，属于违法行为，且该公司具有主观故意弄虚作假，意图骗取植物产地检疫证书，应当从重处罚。

## 4 非法调运应施检疫的森林植物产品法条竞合的处理原则

【基本案情】2019年4月2日，某区森林病虫防治巡查服务队在辖区某竹木市场内巡查时，发现一木材经营点正在卸一车松木板材及杂木板材和方料，询问后发现该批木材随车无植物检疫证和木材运输证。接到巡查服务队报告后，某区森林病虫防治检疫站经初步调查，发现该批松木及杂木来自某省某市南康区，该地区属于松材线虫病疫区，在调入过程中，未办理过植物检疫证和木材运输证，当事人涉嫌未依法调运应施检疫的森林植物产品案和无证运输木材案。4月2日，某区林业主管部门予以立案调查。

经查,2019年3月底,当事人联系某区一木材经营户,出售一车板材用于制作包装箱,其中松木板材13.5立方米、杂木方料和板材20.5立方米,木材经营户要求办好相关证件。2019年4月1日下午,松木装车从某省某市南康木材市场运出,于2019年4月2日凌晨到达路桥区。双方约定松木板材价格600元每立方米,杂木板材和方料价格900元每立方米,运费8700元,由买方支付。在松木材板运输至路桥的过程中,随车无植物检疫证与木材运输证。

【处理意见】某区森林病虫防治检疫站在处理该案时,有两种处理意见:

第一种意见认为,当事人涉嫌未依法调运应施检疫的森林植物产品案和无证运输木材案,应分别按相关法律法规进行处罚。

第二种意见认为,当事人涉嫌未依法调运应施检疫的森林植物产品案,处罚中除了罚款,还同时要销毁该批疫木,已涵盖无证运输木材的处罚条款中没收非法运输木材及对货主罚款的处罚,按照一事不再理原则,只对当事人涉嫌未依法调运应施检疫的森林植物产品案进行处罚。

某区森林病虫防治检疫站采纳了第二种意见,依据《植物检疫条例实施细则(林业部分)》第三十条第一款第(三)项关于"未依照规定调运、隔离试种或者生产应施检疫的森林植物及其产品的,森检机构应当责令纠正,可以处以50元至2000元罚款;造成损失的,应当责令赔偿;构成犯罪的,由司法机关依法追究刑事责任"的规定,经过林业局研究,决定对当事人处以罚款2000元,并销毁该批松木板材。

【案件评析】某区森林病虫防治检疫站的处理是正确的。

当事人木材经营点的行为违反了《植物检疫条例》第七条第一项"列入应施检疫的植物、植物产品名单的,运出发生疫情的县级行政区域之前,必须经过检疫"的规定,已构成未依法调运应施检疫的森林植物产品的行政违法,应当予以行政处罚。根据《植物检条例》第十八条第三款"违反本条例规定调运的植物和植物产品,植物检疫机构有权予以封存、没收、销毁或者责令改变用途。销毁所需费用由责任人承担"的规定,第十八条第一款第(三)项关于"未依照本条例规定调运、隔离试种或者生产应施检疫的植物、植物产品的,植物检疫机构应当责令纠正,可以处以罚款;造成损失的,应当负责赔偿;构成犯罪的,由司法机关依法追究刑事责任"的规定,《植物检疫条例实施细则(林业部分)》第三十条第一款第(三)项关于"未依照规定调运、隔离试种或者生产应施检疫的森林植物及其产品的,森检机构应当责令纠正,可以处以 50 元至 2000 元罚款;造成损失的,应当责令赔偿;构成犯罪的,由司法机关依法追究刑事责任"的规定,经过某区森林病虫防治检疫站研究,决定对当事人木材经营点处以罚款 2000 元,并销毁该批松木板材。

【观点概括】该非法调运应施检疫的森林植物产品案同时违反了《植物检疫条例》和《森林法实施条例》,按一事不再罚原则,按照处罚相对较重的违法行为进行处罚。

【特别说明】2020 年 7 月 1 日施行的新《森林法》取消了木材运输许可审批。取消木材运输许可后,林业和草原主管部门要创新监管方式,对运输明知是盗伐、滥伐等非法来源的木材,应当按照新修订《森林法》第六十五条、第七十八条规定予以调查处理,给予行政处罚。

## 5 在本市调运苗木未办理植物检疫证书应如何定性

【基本案情】2019 年 12 月 13 日,甲市林业病虫防治检疫站检疫执法人员在甲市乙区对某住宅区绿化工程的检疫复检中发现,施工单位种植了银杏、桂花、佛甲草、铺地柏、五针松等多种应施检疫的森林植物,其中多数苗木来自某省某市且植物检疫证书规范有效,五针松苗木来自甲市丙区某苗圃,未办理植物检疫证书。

**【处理意见】** 本案处理中,存在以下两种不同意见:

第一种意见认为,施工单位种植的五针松来自甲市内,不需要办理植物检疫证书,因此不属于违法行为。

第二种意见认为,施工单位的行为已经构成未按规定调运应施检疫的森林植物,应当按照未按规定调运应施检疫的森林植物及其产品的行为给予行政处罚。

甲市林业病虫防治检疫站采纳了第二种意见。

**【案件评析】**《植物检疫条例》第七条第二项规定,"凡种子、苗木和其他繁殖材料,不论是否列入应施检疫的植物、植物产品名单和运往何地,在调运之前,都必须经过检疫。"

《植物检疫条例实施细则(林业部分)》第十四条规定,"应施检疫的森林植物及其产品运出发生疫情的县级行政区域之前以及调运林木种子、苗木和其他繁殖材料必须经过检疫,取得植物检疫证书。"因此,施工单位的行为属于未依法办理植物检疫证书的林业行政违法行为。

《植物检疫条例》第十八条规定,未依照本条例规定调运、隔离试种或者生产应施检疫的植物、植物产品的,植物检疫机构应当责令纠正,可以处以罚款;造成损失的,应当负责赔偿;构成犯罪的,由司法机关依法追究刑事责任。

《植物检疫条例实施细则(林业部分)》第三十条规定,未依照规定调运应施检疫的森林植物及其产品的,森检机构应当责令纠正,可以处以50元至2000元罚款;造成损失的,应当责令赔偿;构成犯罪的,由司法机关依法追究刑事责任。

根据以上规定,对该施工单位处以300元罚款,认定事实清楚,处罚依据充分。

本案中,当事人称因临时调整施工方案,所以到甲市丙区补充采购了1株五针松,认为甲市本地的苗木不需要办理植物检疫证书，也就没有去办证。该企业自省外调运的其他苗木均有植物检疫证书，说明其有办证的意识，但对法律法规的认识不到位，违反了相关规定。这也说明，需要进一步加强植物检疫法规的宣传与普及，不仅让民众知法懂法，更要懂得透彻。

**【观点概括】** 凡种子、苗木和其他繁殖材料，不论是否列入应施检疫的植物、植物产品名单和运往何地，在调运之前，都必须经过检疫，取得植物检疫证书。违反《植物检疫条例》和《植物检疫条例实施细则(林业部分)》的规定调运应施检疫的植物、植物产品，构成未按规定调运应施检疫的植物及其产品的行为。

## 6 绿化施工单位使用伪造的植物检疫证书应如何处理

**【基本案情】** 2020年4月23日，甲市林业病虫防治检疫站植物检疫执法人员在某路景观道路建设工程复检过程中发现种植的22株银杏、90株美国红枫、4株染井吉野樱、3株紫藤涉及的植物检疫证书(出省)疑似伪造，扫描二维码产生的网址非国家林业和草原局统一规定的网址。执法人员立即函请乙省林业有害生物检疫防治站进行核实。反馈显示：丙区检疫站未开具过此4份证，且证书上公章有误；国家林业和草原局检疫管理平台查不到该4份植物检疫证书。

**【处理意见】** 在案件处理过程中，存在两种意见：

第一种意见认为，该工程的施工单位并未主动伪造植物检疫证书，也并不知道这些植物检疫证书是伪造的，自身也是假证的受害者，因此无需受到行政处罚或刑事处罚。

第二种意见认为，施工单位已经做过相关培训，有一定的假证识别能力，但仍然使用了伪造的植物检疫证书，应当按照未按规定调运应施检疫的森林植物及其产品的行为给予行政处罚。

甲市林业病虫防治检疫站以第二种意见进行了处理。

**【案件评析】**《植物检疫条例》第七条第二项规定,"凡种子、苗木和其他繁殖材料,不论是否列入应施检疫的植物、植物产品名单和运往何地,在调运之前,都必须经过检疫。"

《植物检疫条例》第十条规定,"省、自治区、直辖市间调运本条例第七条规定必须经过检疫的植物和植物产品的,调入单位必须事先征得所在地的省、自治区、直辖市植物检疫机构同意,并向调出单位提出检疫要求;调出单位必须根据该检疫要求向所在地的省、自治区、直辖市植物检疫机构申请检疫。对调入的植物和植物产品,调入单位所在地的省、自治区、直辖市的植物检疫机构应当查验检疫证书,必要时可以复检。"

本案中,施工单位种植的22株银杏、90株美国红枫、4株染井吉野樱和3株紫藤均为应施检疫的植物,而与之对应的植物检疫证书为伪造,即未按规定调运应施检疫的森林植物及其产品,构成违法行为。

《植物检疫条例实施细则(林业部分)》第三十条规定,未依照规定调运应施检疫的森林植物及其产品的,森检机构应当责令纠正,可以处以50元至2000元罚款;造成损失的,应当责令赔偿;构成犯罪的,由司法机关依法追究刑事责任。综上,对该公司处以罚款1500元的行政处罚。

本案中4份植物检疫证书的提供方有伪造国家机关证件的嫌疑,涉嫌犯罪,按照规定应将案件相关材料移交至公安机关,由公安机关立案开展后续调查。

**【观点概括】**凡种子、苗木和其他繁殖材料,不论是否列入应施检疫的植物、植物产品名单和运往何地,在调运之前,都必须经过检疫,取得植物检疫证书。使用伪造的植物检疫证书属于未按规定调运应施检疫的植物及其产品的行为,应依照规定给予行政处罚。

## 7 某乐园未依法隔离试种国外引种植物应如何处理

**【基本案情】** 2016年1月12日，甲市林业病虫防治检疫站检疫执法工作人员在某普及型国外引种试种苗圃实施检疫监管工作时发现，在未经林业植物森检机构同意的情况下，甲市某园林投资建设有限公司（以下简称园林公司）擅自将从德国和意大利引进的、尚在隔离试种期内的243株植物运出了指定的隔离监管区域。经调查得知，2015年12月末，园林公司将该批次引进苗木移栽至上海某乐园储备苗圃中，事前直至案发未曾向负责检疫监管的森检机构提出有关出圃申请。

**【处理意见】** 园林公司的行为已构成未按规定隔离试种应施检疫的森林植物及其产品，应当给予行政处罚。鉴于园林公司在明知相关隔离试种的规定的前提下仍然违规调运引进植物的情节，根据《植物检疫条例实施细则（林业部分）》第三十条第一款第三项规定，甲市林业病虫防治检疫站决定：对园林公司做出罚款2000元的行政处罚决定。

**【案件评析】**《植物检疫条例实施细则（林业部分）》第二十四条规定，"从国外引进的林木种子、苗木和其他繁殖材料，有关单位或者个人应当按照审批机关确认的地点和措施进行种植。对可能潜伏有危险性森林病、虫的，一年生植物必须隔离试种一个生长周期，多年生植物至少隔离试种二年以上。经省、自治区、直辖市森检机构检疫，证明确实不带危险性森林病虫的，方可分散种植。"

某乐园建设项目影响力大，覆盖范围较广，其苗木多是从国外引进或国内其他省市调入，为了保护甲市及周边省市的生态安全，必须进行隔离试种和观察，确定不携带、不传播检疫性和危险性有害生物后方可进入某乐园定植。

园林公司的行为可能对甲市及周边地区的生态安全造成较大威胁,擅自搬移尚在隔离试种期内引进植物的行为违反了《植物检疫条例》第十二条第二款及《植物检疫条例实施细则(林业部分)》第二十四条的规定。

检疫执法人员在对项目负责人及法人代表的询问过程中了解到:园林公司事前明确知晓检疫监管机构对引种植物隔离时间和场所的具体要求,却仍在引进植物监管期未满、未获取出圃许可的情况下,无视植物检疫法律法规和监管机构的具体要求,实施了违规调运的行为。园林公司知法犯法,是因为该公司受到了某乐园项目方在工期方面对园林公司施加的较大压力,二是因为《植物检疫条例实施细则(林业部分)》规定的对违法行为的罚款额度最高仅为2000元,对于某乐园这种耗资超过百亿的大型项目,并不具备威慑力。这从另一角度也说明现行林业植物检疫法律法规对违法行为的处罚措施和力度已经远远落后于时代的发展,亟需进一步修订和完善,强化法规的可操作性,提高对违法行为的惩罚力度,为执法机构有效保障国家生态安全提供强有力的支撑和依据。

【观点概括】从国外引进可能潜伏有危险性病、虫的种子、苗木和其他繁殖材料,必须隔离试种,植物检疫机构应进行调查、观察和检疫,证明确实不带危险性病、虫的,方可分散种植。擅自搬移尚在隔离试种期内引进植物构成未按规定隔离试种应施检疫的森林植物及其产品的行为。

## 8 私自开拆摩托车木质包装是否可定性为擅自开拆行为

【基本案情】2017年7月30日和8月7日,某区森林病虫防治检疫站两次发现该区上什字西路某摩托车个体经营户李某调入了带木质包装摩托车11台。经检查,该批摩托车木质包装材质为松木,标注产地为 A 省 B 市、C 省 D 市均为国家林业局(现国家林业和草原局)公布的松材线虫病疫区，且未办理植物检疫证书。检疫执法人员随后告知李某，该批摩托车木质包装是松木，并且来源松材线虫病疫区，木质包装有可能带有松材线虫，需要对其抽样检测，在这期间不能随意开拆，更不能随意丢失，待检测结果出来后再作处理，否则将有可能造成松材线虫病的传播。但李某极不配合，安排人员强行抬走了该批摩托车，并将摩托车木质包装拆掉丢弃。

【处理意见】在案件处理过程中，有两种意见：

第一种意见认为，摩托车个体经营户购入少量的带木质包装的摩托，调入时可以不用办植物检疫证书，摩托车个体经营户拆掉其摩托车包装物并无不妥，不构成擅自开拆植物及植物产品包装行为。

第二种意见认为，摩托车个体经营户必须尽到检疫义务，遵守相关检疫法律法规，调运前自觉申请报检，检疫合格后方可调入。在本案中，李某在检疫执法人员宣传告知需对包装进行检测时安排人员强行抬走了该批摩托车，并将摩托车木质包装拆掉随意丢弃，其行为属于擅自开拆植物及植物产品违法行为。

由于本案带木质包装摩托车来源于松材线虫病疫区，案情重大，区森林病虫防治检疫站按规定程序移交给市森林病虫防治检疫站处理，市森林病虫防治检疫站采纳了第二种意见，按照《植物检疫条例》第十八条第一款第四项以及《某市植物检疫条例》第二十条第(五)项"违反本条例规定，擅自开拆植物、植物产品包装、调换植物、植物产品或擅自改变植物、植物产品规定用途的，处以五百元以上、四千元以下的罚款"的规定，给予李某罚款 2000 元的行政处罚。

【案件评析】市森林病虫防治检疫站对李某的违法行为定性是正确的。行政处罚做出后，李某不服处罚决定，以市森林病虫防治检疫站无管辖权、行政处罚主体不当、程序违法、适用法律依据不正确为由，先后向区人民法院提起行政诉讼以及向中级人民法院提起上诉，两级法院均认为市森林病虫防治检疫站作出行政处罚正确。

作为社会公众一般认识，自己购买的货物，拆掉其外包装物并无不妥，不构成擅自开拆行为，但本案中检疫人员现场明确告诉了李某，此批木质包装来源于疫区，要接受检疫监管，要求对该批货物进行封存、抽样检验后再作处理。案件移交市森林病虫防治检疫站后，相关执法人员又再次向李某进行了宣传告知，而李某极不配合，安排人员强行抬走了该批摩托车，并开拆了木质包装，同时还自行处置有疑似松材线虫的木质包装物，其行为具备了擅自开拆植物产品包装特征，可能造成社会危害，应当予以处罚。

【观点概括】构成擅自开拆行为的前置条件是检疫执法人员必须要尽到告知义务，本案作出的行政处罚决定最终被两级法院认可，正是由于检疫人员及时履行了告知义务，且执法规范，妥善保存了告知时的录像证据材料，使违法行为人得到了应有的处罚。

# 第十一章

# 违反林草种苗及植物新品种管理法规案件

## 1 林木种子经营未取得林木种子生产经营许可证如何处理

**【基本案情】** 2018年3月，某县林业局从某电商网站获得信息，该县有一家以"某某油茶科普示范基地"名义销售油茶种苗，并属于假冒伪劣产品，对此即派员进行调查核实。经查，在某电商网站所称"某某油茶科普示范基地"生产的油茶，实际为某县溪北村俞某自家普通农用地上种植的油茶苗木，面积约600平方米，2017年期间通过电商向深圳黄某销售了油茶种苗，收取货款2050元。俞某称其生产经营的油茶为当地常规油茶种子，未取得林木种子生产经营许可证，有夸大宣传，但不是假冒伪劣产品。

**【处理意见】** 本案处理中，存在三种不同意见：

第一种意见认为，当事人俞某在某平台上销售种苗的行为，首先是违反网络平台销售的有关规定，应当由当事人联系网络平台予以维权。同时，黄某反映的俞某销售假冒种子的行为，应向当地市场监督管理部门举报，并由其立案查处。

第二种意见认为，当事人俞某生产、经营的是假冒、伪劣种子，违反了《中华人民共和国种子法》（以下简称《种子法》）第四十九条的规定，应由林业主管部门按生产、经营假冒、伪劣种子予以立案查处。

第三种意见认为，当事人俞某在未经林业主管部门审批的情况下，私自生产、销售种苗，已经违反了《种子法》第三十二条、第三十三条的规定，应由林业主管部门按非法生产、经营种子予以立案查处。

县林业局采纳了第三种意见，根据《种子法》第七十七条第一款规定，责令改正，没收违法所得和种子，并处3000元罚款。当事人俞某停止了无证生产经营种苗的行为，主动下架了其在某平台上的所有种苗产品,并按时缴纳了罚款。

【案件评析】本案涉及林木种子生产经营管理规定,针对通过电商销售的新业态,应当引起高度重视,切实转变传统的监管方式。本案俞某在某平台上销售种苗的行为,涉及违反网络平台销售的有关规定,可以联系网络平台或者市场监督管理部门予以维权。与此同时,按照国家林业局(现国家林业和草原局)公布的《主要林木目录(第一批)》,油茶属于主要林木,其生产经营应当依照《种子法》规定取得林木种子生产经营许可证。作为行业主管部门应当从中收集违法线索,加强监管执法。本案俞某非法生产经营林木种子行为危害性极大,必须严格依法处理,在查处过程中还必须注意是否存在涉嫌生产经营假劣种子的行为,具备《种子法》规定的假劣种子条件,应当适用生产经营假劣林木种子行为进行处理。

【观点概括】从事林木种子经营和主要林木种子生产的单位和个人应当取得林木种子生产经营许可证,按照林木种子生产经营许可证载明的事项从事生产经营活动。

# 第十二章 违反野生植物保护管理法规案件

# 第十二章 违反野生植物保护管理法规案件

## 1 非法出售国家二级保护野生植物应如何定性

**【基本案情】** 2016年10月,村民毕某在未办理相关手续也不知道红椿树系国家二级保护野生植物的情况下,将生长于自家自留地内的1株天然生长的椿树以300元的价格出售给同村村民李某,后李某在未办理合法手续的情况下将该株椿树采伐加工成锯材,经鉴定,村民毕某出售的椿树为国家二级保护野生植物红椿。毕某的行为涉嫌犯罪,依法移送公安机关处理。李某的采伐、收购和加工行为涉嫌犯罪,另案处理。

**【处理结果】** 本案在处理过程中,对毕某的行为有以下不同意见:

第一种意见认为,毕某在未办理合法手续的情况下,擅自出售国家二级保护野生植物红椿树1株,涉嫌非法出售国家重点保护植物罪,应当立案追诉其刑事责任。

第二种意见认为,一方面毕某在不知道椿树是国家二级保护野生植物的情况下出售自家生长在其自留地里面的零星树木,且出售时并未对此株椿树造成毁坏或采伐,按原《森林法》第三十二条"采伐林木必须申请采伐许可证,按许可证的规定进行采伐;农村居民采伐自留地和房前屋后个人所有的零星林木除外"的规定,无需办理林木采伐许可证。另一方面毕某在未办理合法手续的情况下,擅自出售国家二级保护野生植物红椿树1株,其行为违反《野生植物保护条例》第十八条"禁止出售、收购国家一级保护野生植物;出售、收购国家二级保护野生植物的,必须经省级人民政府野生植物行政主管部门或起授权的机构批准"之规定,构成非法出售国家重点保护植物行政违法行为。

**【案件评析】** 因公安机关以没有主观故意为由将此案退回,本案按照第二种意见处理。

《野生植物保护条例》第二条第二款规定"本条例所保护的野生植物,是指原生地天然生长的珍贵植物和原生地天然生长并具有重要经济、科学研究、文化价值的濒危、稀有植物。"《野生植物保护条例》第十条规定"野生植物分为国家重点保护野生植物和地方重点保护野生植物。国家重点保护野生植物分为国家一级保护野生植物和国家二级保护野生植物。国家重点保护野生植物名录,由国务院林业行政主管部门、农业行政主管部门商国务院环境保护、建设等有关部门制定,报国务院批准公布。地方重点保护野生植物,是指国家重点保护野生植物以外,由省、自治区、直辖市保护的野生植物。地方重点保护野生植物名录,由省、自治区、直辖市人民政府制定并公布,报国务院备案。"

非法出售国家重点保护植物罪具有以下四个特征:

(1)在客体上,该行为侵犯的是国家对珍贵树木或者国家重点保护的其他植物及其制品的保护管理制度。

(2)客观方面的特征:①违反《森林法》《野生植物保护条例》等法律、法规关于收购、出售野生植物及其制品方面的规定,尤其是违反收购、出售珍贵树木或者国家重点保护的其他植物及其制品方面的规定;②必须实施了非法收购、出售珍贵树木或者国家重点保护的其他植物及其制品的行为;③行为对象是珍贵树木或者国家重点保护的其他植物及其制品。

(3)主观方面的特征:本罪只能由故意构成,只有明知自己的行为具有社会危害性,必然或可能发生非法收购、出售珍贵树木或者国家重点保护的其他植物及其制品的危害结果,并希望或者放任这种危害结果发生的,才能构成本罪故意的内容。

(4)主体特征:本罪主体是16周岁以上具有刑事责任能力的自然人或者单位。

本案中,毕某虽然客观上实施了未经批准擅自出售椿树的行为,但其在出售椿树的时候并不知道其出售的椿树为国家二级保护野生植物，主观上不具备非法出售国家重点保护植物罪明知故意的入罪特征。因此，毕某的行为构成非法出售国家重点保护植物行政违法行为，不构成非法出售国家重点保护植物罪。

**【观点概括】**按原《森林法》规定，农村居民采伐自留地和房前屋后个人所有的零星林木无需办理林木采伐许可证；但如属国家重点保护野生植物，按《野生植物保护条例》的规定，需经省级以上林业主管部门批准才能采伐、出售，非法采伐、出售国家重点保护野生植物的，依法予以行政处罚；构成犯罪的，依法追究刑事责任。

**【特别说明】**2021年7月15日施行的新《行政处罚法》第三十三条规定，"当事人有证据足以证明没有主观过错的，不予行政处罚。法律、行政法规另有规定的，从其规定。"新《行政处罚法》第三十三条在一定程度明确了过错推定的行政处罚归责原则，即从行政相对人违反了某种行政管理秩序、违反行政法律规范的客观结果看，可以推定其主观上有故意或者过失，但是，如果当事人提出反证，证明自己在主观上不存在故意或过失从而免责。按照新《行政处罚法》分析本案，公安机关已经认定毕某没有故意，如果毕某能够证明自己没有过失，则不予行政处罚。

# 第十二章

# 违反自然保护地管理法规案件

# 1 非法穿越自然保护区应如何处理

**【基本案情】** 2019年2月12日，某市某县自然保护区专业巡护人员在巡护过程中发现有4辆小型越野车在国家级自然保护区内随意穿越。经询问调查发现，4辆小型越野车共8人，属未经批准擅自进入自然保护区。

**【处理意见】** 本案在处理过程中，有两种不同意见：

第一种意见认为，各人对自己的违法行为负责，分别对8人进行处罚。依据《自然保护区条例》第三十四条的规定，对每人罚款5000元，共计罚款4万元。

第二种意见认为，8人是共同实施的一个违法行为，只能就这一个行为作出一次处罚，依据《自然保护区条例》第三十四条的规定，对8人共罚款5000元。

林业主管部门按照第一种意见进行处理是正确的。

**【案件评析】** 本案的关键问题是按一个违法行为还是按数个违法行为对待。

《自然保护区条例》第三十四条规定：未经批准进入自然保护区或者在自然保护区内不服从管理机构管理的单位和个人，由自然保护区管理机构责令其改正，并可以根据不同情节处以100元以上5000元以下的罚款。本案中8人的行政违法行为造成的不是整体危害，而是各行为人分别对自然保护区造成了危害。8人是未经批准进入自然保护区的独立个人，对8人分别处罚符合法律规定。

本案行政处罚在裁量权范围内采取了顶格罚款，主要是由于非法穿越自然保护区的行为屡禁不止，该种违法行为对保护区内的生态环境和野生动植物资源破坏隐患较大，且违法行为人自身安全风险也大，结合其违法行为的性质、情节和社会危害及影响程度，选择顶格罚款。

【观点概括】现行林业法律中,都没有规定如何认定和处理共同违法行为。应当从法理上把握行政处罚的原则,辩证地看待共同违法行为的"一事"与"多事",对数个违法行为人实行数个处罚不是"一事多罚"。

## 2 违法进入自然保护区核心区捕捞应如何处理

【基本案情】2018年1月22日,某省某湖国家级自然保护区管理局大湖池保护管理站工作人员在日常巡护过程中发现徐某违法进入保护区核心区大湖池内非法捕捞。

【处理意见】本案在处理过程中,有两种不同意见:

第一种意见认为,应当以未经批准进入自然保护区,依据《自然保护区条例》第三十四条进行处罚。

第二种意见认为,应当以非法捕捞,依据《自然保护区条例》第三十五条进行处罚。

某省某湖国家级自然保护区主管部门按照《自然保护区条例》第三十五条规定,责令徐某立即离开自然保护区核心区,处罚款500元。

【案件评析】《自然保护区条例》第二十六条的规定:"禁止在自然保护区内进行砍伐、放牧、狩猎、捕捞、采药、开垦、烧荒、开矿、采石、挖沙等活动;但是法律、行政法规另有规定的除外。"第二十七条的规定:"禁止任何人进入自然保护区的核心区。"第三十四条规定:"未经批准进入自然保护区或者在自然保护区内不服从管理机构管理的单位和个人,由自然保护区管理机构责令其改正,并可以根据不同情节处以100元以上5000元以下的罚款。"第三十五条规定:"在自然保护区进行捕捞等活动的单位和个人,除可以依照有关法律、行政法规规定给予处罚的以外,由县级以上人民政府有关自然保护区行政主管部门或者其授权的自然保护区管理机构没收违法所得，责令停止违法行为，限期恢复原状或者采取其他补救措施，对自然保护区造成破坏的，可以处 300 元以上 10000 元以下的罚款。"当事人同一个违法行为违反多个法律规范应当给予罚款处罚的，按照罚款数额高的规定处罚。本案中徐某违法进入保护区核心区非法捕捞，破坏了自然保护区内的渔业资源。故某省某湖国家级自然保护区按照《自然保护区条例》第三十五条规定，责令徐某立即离开保护区核心区，处罚款 500 元。

【观点概括】违反《自然保护区条例》规定，在自然保护区进行砍伐、放牧、狩猎、捕捞、采药、开垦、烧荒、开矿、采石、挖沙等活动的单位和个人，可以依照有关法律、行政法规规定给予处罚；有关法律、行政法规未作处罚规定的，由县级以上人民政府有关自然保护区行政主管部门或者其授权的自然保护区管理机构没收违法所得，责令停止违法行为，限期恢复原状或者采取其他补救措施，对自然保护区造成破坏的，可以处以 300 元以上 10000 元以下的罚款。

## 3 在自然保护区进行采药活动应如何处理

【基本案情】2019 年 6 月 24 日凌晨 3 时，王某在未经批准擅自进入某国家级自然保护区内，并在自然保护区内进行采药活动，在王某携带所挖药材下山途中被执法人员查获。经查，王某所挖药材为红景天，共计 40 斤。

【处理意见】在案件处理过程中，存在两种不同意见：

第一种意见认为，王某在自然保护区进行采药活动，违反了《自然保护区条例》第二十六条的规定，应当按照《自然保护区条例》第三十五条的规定，没收违法所得、责令停止违法行为、处以 300 元以上 10000 元以下的罚款。

第二种意见认为，王某在森林高火险期擅自进入森林高火险区活动，违法了《森林防火条例》第二十九条的规定，应按照《森林防火条例》第五十二条第(三)项的规定，给予王某警告并处200元以上2000元以下罚款。

该自然保护区管理机构根据第一种意见，将王某的行为定性为在自然保护区内进行采药活动，依法对其进行了处理。

【案件评析】该自然保护区管理机构的定性是正确的。

本案的关键问题是，对王某的行为应当如何定性以及对该行为处罚应当适用哪一条规定。

本案中，王某未经批准进入自然保护区内采药，该行为违反《自然保护区条例》第二十六条"禁止在自然保护区内进行砍伐、放牧、狩猎、捕捞、采药、开垦、烧荒、开矿、采石、挖沙等活动；但是，法律、行政法规另有规定的除外"的规定，对此行为应当按照《自然保护区条例》第三十五条的规定，"由县级以上人民政府有关自然保护区行政主管部门或者其授权的自然保护区管理机构没收违法所得，责令停止违法行为，限期恢复原状或者采取其他补救措施；对自然保护区造成破坏的，可以处以300元以上10000元以下的罚款。"同时，王某进入自然保护区时正处于森林高火险期且进入的区域属于森林高火险区，该行为违反《森林防火条例》第二十九条"森林高火险期内，进入森林高火险区的，应当经县级以上地方人民政府批准，严格按照批准的时间、地点、范围活动，并接受县级以上地方人民政府林业主管部门的监督管理"的规定，按照《森林防火条例》第五十二条第(三)项"森林高火险期内，未经批准擅自进入森林高火险区活动"的规定，由县级以上地方人民政府林业主管部门责令改正，给予警告，对个人并处200元以上2000元以下罚款。

王某进入自然保护区的目的是为进行采药活动，在主观方面表现为故意，客观方面违法国家规定，实施了非法采药行为，因此应当按照《自然保护区条例》第三十五条的规定，没收王某违法所得、责令停止违法行为、处以300元以上10000元以下的罚款。本案中,适用《自然保护区条例》第三十五条的规定对王某的行为进行处罚,比适用《森林防火条例》第五十二条第(三)项的规定进行处罚要重,所以,该自然保护区管理机构的定性及法条适用是正确的。

【观点概括】违法行为人的行为触犯不同法律的多个法条,应当按照法条竞合择其重者进行处罚。同一个违法行为违反多个法律规范应当给予罚款处罚的,按照罚款数额高的规定处罚。

## 4 在自然保护区内非法放牧应如何处理

【基本案情】2015年6月以来,董某多次进入某国家级自然保护区内放牧。林业执法人员到达违法现场后发现放养的马3匹,未见植被遭明显踩踏和啃食痕迹。执法人员责令其立即停止放牧活动,并罚款500元。

【处理意见】在案件处理过程中,存在两种不同意见:

第一种意见认为,董某是国家级自然保护区周边村落里土生土长的老百姓,没有固定收入,常年靠山吃山,并且其进行放牧活动的地点并非国家级自然保护区的核心区,未对自然保护区的植被造成严重破坏,应当联合当地政府对董某在国家级自然保护区放牧的行为进行批评教育。

第二种意见认为,董某的行为违反了《自然保护区条例》第二十六条的规定,应当按照《自然保护区条例》第三十五条的规定,责令停止违法行为,处以300元以上1000元以下的罚款。保护区工作人员常年在保护区周边宣传相关法律法规,应视为董某应当知道其在国家级自然保护区内进行放牧活动是违法行为,应以处罚和教育结合的方式,教育公民、法人或者其他组织自觉守法。

行政主管部门根据第二种意见,将董某的行为定性为在自然保护区内进行放牧活动,依法对其进行了处理,责令其停止违法行为并处 500 元罚款。

**【案件评析】** 行政主管部门的定性是正确的，行政处罚应以事实为依据，与违法行为的事实、性质、情节以及社会危害程度相当。

本案中，董某在国家级自然保护区内放牧的行为，违反了《自然保护区条例》第二十六条"禁止在自然保护区内进行砍伐、放牧、狩猎、捕捞、采药、开垦、烧荒、开矿、采石、挖沙等活动；但是，法律、行政法规另有规定的除外"之规定，对此行为应当按照《自然保护区条例》第三十五条之规定，由县级以上人民政府有关自然保护区行政主管部门或者其授权的自然保护区管理机构没收违法所得，责令停止违法行为，限期恢复原状或者采取其他补救措施；对自然保护区造成破坏的，可以处以 300 元以上 10000 元以下的罚款。

董某在国家级自然保护区进行放牧的行为未对自然保护区造成严重破坏，行政主管部门坚持处罚与教育相结合的方式，按照《自然保护区条例》第三十五条的规定，责令停止违法行为，处以 500 元的罚款。

**【观点概括】** 违反《自然保护区条例》规定，"在自然保护区进行砍伐、放牧、狩猎、捕捞、采药、开垦、烧荒、开矿、采石、挖沙等活动的单位和个人，除可以依照有关法律、行政法规规定给予处罚的以外，由县级以上人民政府有关自然保护区行政主管部门或者其授权的自然保护区管理机构没收违法所得，责令停止违法行为，限期恢复原状或者采取其他补救措施；对自然保护区造成破坏的，可以处以 300 元以上 10000 元以下的罚款。"

## 5 在自然保护区内集体土地上挖沙如何处罚

**【基本案情】** 2019 年 3 月 18 日，张某某为了获取沙子修牛圈，使用铲车和农用四轮车在某自然保护区管理局实验区内某村的滩涂上挖取沙子,被林业行政机关执法人员当场查获,破坏土地约20平方米。经调取有关资料和证据证明该地块在自然保护区实验区范围内,土地权属为集体,不是林业用地。

【处理意见】本案在处理时,存在两种处理意见:

第一种意见认为,该土地权属为集体,且不是林地,不属于《森林法》调整的范畴,建议移交自然资源管理主管部门依据《土地管理法》或者《中华人民共和国矿产资源法》(以下简称《矿产资源法》)的规定给予行政处罚。

第二种意见认为,当事人破坏土地的行为在自然保护区的范围内,违反了自然保护区管理的规定,应根据《自然保护区条例》第三十五条规定,由林业主管部门给予行政处罚。

执法机关采纳了第二种意见。

【案件评析】按照一般认知,林业主管部门只能管理林地上的一些活动,在非林地等土地上的活动应由自然资源主管部门去管理。在本案件中当事人实施违法活动的地点为集体土地,且地类为非林地,按照《土地管理法》有关规定应由自然资源主管部门实施行政处罚。那是否意味着张某某的行为,林业主管部门就不能处罚呢?不是。《自然保护区条例》第二条规定,"本条例所称自然保护区,是指对有代表性的自然生态系统、珍稀濒危野生动植物物种的天然集中分布区、有特殊意义的自然遗迹等保护对象所在的陆地、陆地水体或者海域,依法划出一定面积予以特殊保护和管理的区域。"第十条规定,"凡有下列条件之一,应当建立自然保护区:(一)典型的自然地理区域、有代表性的自然生态系统区域以及已经遭受破坏但经保护能够恢复的同类自然生态系统区域;(二)珍稀、濒危野生动植物物种的天然集中分布区域;(三)具有特殊保护价值的海域、海岸、岛屿、湿地、内陆水域、森林、草原和荒漠;(四)具有重大科学文化价值的地质构造、著名溶洞、化石分布区、冰川、火山、温泉等自然遗迹;(五)经国务院或者省、自治区、直辖市人民政府批准,需要予以特殊保护的其他自然区域。"由此可见,自然保护区内包括林地在内的所有土地类型。根据第二十六条规定,"禁止在自然保护区内进行砍伐、放牧、狩猎、捕捞、采药、开垦、烧荒、开矿、采石、挖沙等活动;但是,法律、行政法规另有规定的除外。"由此可见,张某某在自然保护区内挖沙的行为,属于《自然保护区条例》所禁止的行为。因此,依照《自然保护区条例》第三十五条规定,林业主管部门给予张某某行政处罚是正确的。最终林业主管部门根据张某某的采沙行为情节较轻的情形,作出责令其停止违法行为、限期恢复原状、处以罚款300元的处罚决定。

**【观点概括】**一个案件是否由林业主管部门管辖,关键是看有关法律、法规对违法行为是否禁止、是否具有可处罚性,行政机关在执行法律和法规的时候发现本机关没有管辖权的案件而其他行政机关有管辖权的案件,要及时制止,及时向有管辖权的行政机关移交处理,而不是放任不管,放纵违法行为。要和其他国家机关协调配合,共同保护绿水青山和自然资源。

**【特别说明】**《国家林业和草原局办公室关于做好林草行政执法与生态环境保护综合行政执法衔接的通知》(办发字〔2020〕26号)规定,林业和草原主管部门(含有关自然保护地管理机构)纳入生态环境保护综合行政执法的事项为"对在自然保护地内进行非法开矿、修路、筑坝、建设造成生态破坏的行政处罚",包括《自然保护区条例》第三十五条中对"开矿"的行政处罚。因此,《自然保护区条例》第三十五条中对"开矿"的行政处罚纳入生态环境保护综合行政执法的事项,实施主体为生态环境部门。

## 6 擅自进入自然保护区种茶应如何处理

**【基本案情】**村民李某因为茶叶价格上涨,于2005年期间(具体时间不详)携带钐刀擅自进入当地某国有林地(现为自然保护区)内,用钐刀将选定地块内的杂草及幼树钐除,随后将茶苗栽种进开垦的地块。其后李某每年不定期地对该地块进行锄草管理采摘茶叶,2015年某自然保护区成立后李某仍未退出所侵占的林地并持续管理采摘茶叶至今。经鉴定,李某开垦的林地面积为3.04亩(2026.67平方米),现场未见被毁坏林木;李某侵占的林地在某州级自然保护区范围内。

**【处理意见】** 本案处理中,存在两种不同意见:

第一种意见认为,李某进入时属国有林地后为自然保护区的林地,其毁林种茶并持续管理采摘茶叶的行为,已构成进入保护区进行开垦活动的违法行为,应按《自然保护区条例》第三十五条的规定,给予行政处罚。

第二种意见认为,李某进入时属国有林地现为自然保护区的林地,其钐除幼树及杂草,种植经济林茶树,不构成违法。

森林公安采纳第一种意见。

**【案件评析】** 第一种意见是正确的。

本案中,李某破坏原有植被,种上单一经济作物茶树,并且一直锄草管理采摘茶叶,并持续侵占国有林地,在自然保护区成立后,仍未退出所侵占的林地继续管理采摘茶叶至今。其行为具有持续状态,所以构成在自然保护区进行开垦活动的违法行为。

首先,林地是一种重要的森林资源,是森林动植物与微生物栖息、生长、发育和生物多样性保存的重要场所与载体。新《森林法》第三十九条规定,"禁止毁林开垦、采石、采砂、采土以及其他毁坏林木和林地的行为。"《中华人民共和国宪法》(以下简称《宪法》)和《土地管理法》明确规定了土地的所有权属于国家或集体,禁止任何单位或个人非法占用。其次,自然保护区是自然生态系统、珍稀濒危野生动植物的天然集中分布、有特殊意义的自然遗迹等保护对象所在的陆地、陆地水域或海域。《自然保护区条例》第二十六条规定：“禁止在自然保护区内进行砍伐、放牧、狩猎、捕捞、采药、开垦、烧荒、开矿、采石、挖沙等活动。”

本案中，李某明知其当时开垦的林地是国有林地，但是仍然毁林种茶，主观上具有非法开垦林地为茶园的目的并付诸实施，同时，还非法侵占了国有林地，违反了有关林地保护管理制度。并且，在2015年某州级自然保护区成立后，其所侵占种茶的国有林地已在保护区范围内，李某仍然以每年锄草等方式管理茶树并采摘茶叶出售获取经济利益，因此，李某的行为构成了在自然保护区进行开垦活动的违法行为，依据《自然保护区条例》第三十五条"在自然保护区进行砍伐、放牧、狩猎、捕捞、采药、开垦、烧荒、开矿、采石、挖沙等活动的单位和个人，除可以依照有关法律、行政法规规定给予处罚的以外，由县级以上人民政府有关自然保护区行政主管部门或者其授权的自然保护区管理机构没收违法所得，责令停止违法行为，限期恢复原状或者采取其他补救措施；对自然保护区造成破坏的，可以处以300元以上10000元以下的罚款"的规定进行处罚是正确的。

**【观点概括】** 在自然保护区内毁林种茶的行为构成在自然保护区进行开垦活动的违法行为，按在自然保护区内进行开垦活动处理。

## 7 采挖生长于自然保护区内林地上的野菜应如何处理

**【基本案情】** 2020年11月27日，王某、胡某以食用为目的，在未经某自然保护区管理局同意的情况下，擅自在自然保护区实验区山上林地内采挖草药"牛乌苏"100斤，后在下山途中被自然保护区工作人员查获。经鉴定，王某、胡某采挖的草药"牛乌苏"为百合科的白背牛尾菜。

**【处理意见】** 对王某、胡某采挖草药行为的处理，有三种不同意见：

第一种意见认为，最后鉴定结果为白背牛尾菜，无药用价值，一般作为野菜食用，王某、胡某的行为不能构成破坏自然保护区资源的行为。

第二种意见认为，虽然白背牛尾菜较为常见，不构成采药行为，但两人采挖数量较大，另构成砍伐行为，严重破坏自然保护区资源，应依据《自然保护区条例》第三十五条给予处罚。

第三种意见认为，在林地上采挖白背牛尾菜，无疑是要毁坏林地的，虽然毁坏的面积可能不大，但是其对林地生态或生物多样性的破坏却不容忽视。应依据新《森林法》第七十四条给予处罚。

县林业局采纳了第三种处理意见，对王某、胡某二人处以限期3个月内恢复植被和林业生产条件，处恢复植被和林业生产条件所需费用一倍的罚款。

**【案件评析】** 县林业局的处理是恰当的。

依据《自然保护区条例》第二十六条"禁止在自然保护区内进行砍伐、放牧、狩猎、捕捞、采药、开垦、烧荒、开矿、采石、挖沙等活动；但是，法律、行政法规另有规定的除外"之规定，王某、胡某在未经自然保护区同意的情况下，擅自在自然保护区内采挖野菜，破坏了自然保护区内的植物资源，但是，从《自然保护区条例》的禁止性行为看，并没有禁止采挖野菜的规定。因此，不宜依据《自然保护区条例》第三十五条"违反本条例规定，在自然保护区进行砍伐、放牧、狩猎、捕捞、采药、开垦、烧荒、开矿、采石、挖沙等活动的单位和个人，除可以依照有关法律、行政法规规定给予处罚的以外，由县级以上人民政府有关自然保护区行政主管部门或者其授权的自然保护区管理机构没收违法所得，责令停止违法行为，限期恢复原状或者采取其他补救措施；对自然保护区造成破坏的，可以处以300元以上10000元以下的罚款"之规定处罚。

在原《森林法》《森林法实施条例》中，只有对毁林开垦和擅自改变林地用途两种造成的毁坏林地行为的处罚规范，而无对采挖野菜毁坏林地的处罚规定。2020年7月1日实施的新《森林法》第三十九条第一款规定："禁止毁林开垦、采石、采砂、采土以及其他毁坏林木和林地的行为。"新《森林法》第七十四条第一款规定："违反本法规定，进行开垦、采石、采砂、采土或者其他活动，造成林木毁坏的，由县级以上人民政府林业主管部门责令停止违法行为，限期在原地或者异地补种毁坏株数一倍以上三倍以下的树木，可以处毁坏林木价值五倍以下的罚款；造成林地毁坏的，由县级以上人民政府林业主管部门责令停止违法行为，限期恢复植被和林业生产条件，可以处恢复植被和林业生产条件所需费用三倍以下的罚款。"对于采挖野菜来说，由于其毁坏的林地面积一般较小，依照此条进行罚款并不能有效遏止违法行为，因此对其罚款处罚并不是主要目的；其关键意义在于责令停止违法行为，限期恢复植被和林业生产条件，这样可以使被损害的法益得到恢复。

【观点概括】以非法占有为目的，采挖生长于自然保护区内林地之上的野菜，可以依照《森林法》规定，以故意毁坏林地进行处罚。

## 8 非法开垦自然保护区湿地的行为应如何定性

【案情简介】2018年8月12日，某省某湖国家级自然保护区管理局大湖池保护管理站工作人员在日常巡护过程中，发现在保护区核心区范围内宋家圩水域存在破坏湿地，非法种植农作物的情况，保护区工作人员当即走访周边村民，了解到是沈某在此处非法开垦，执法人员联系到当事人，进行了询问调查，并对其进行了处罚。

【处理意见】某省某湖国家级自然保护区按照《自然保护区条

例》第三十五条规定，责令沈某立即停止开垦湿地的违法行为，并限期 7 日内恢复原貌，并处罚款 2000 元整。

**【案件评析】**根据《自然保护区条例》第二十六条的规定，"禁止在自然保护区内进行砍伐、放牧、狩猎、捕捞、采药、开垦、烧荒、开矿、采石、挖沙等活动；但是法律、行政法规另有规定的除外。"针对第二十六条规定的违法行为，应当依据《自然保护区条例》第三十五条规定，"由县级以上人民政府有关自然保护区行政主管部门或者其授权的自然保护区管理机构没收违法所得，责令停止违法行为，限期恢复原状或者采取其他补救措施，对自然保护区造成破坏的，可以处 300 元以上 10000 元以下的罚款。"本案中沈某非法开垦湿地 40 余亩，已对自然保护区造成破坏，故某省某湖国家级自然保护区按照《自然保护区条例》第三十五条规定，责令沈某立即停止开垦湿地的违法行为，并限期 7 日内恢复原貌，并处罚款人民币 2000 元整。

**【观点概括】**

禁止在自然保护区内进行砍伐、放牧、狩猎、捕捞、采药、开垦、烧荒、开矿、采石、挖沙等活动。

## 9 擅自对风景名胜区内房屋进行改建应如何定性处理

**【基本案情】**当事人徐某将某市某湖风景名胜区一处房屋东侧墙体、西侧部分墙体、内部楼板及内部墙体逐步拆除后进行重新建设，重新建设的房屋为三层砖混结构，房屋第一层面积为 96.04 平方米，第二层面积为 108.28 平方米，第三层面积为 93.58 平方米，房屋一层室内地坪至东侧檐口高 7.7 米、至西侧檐口高 8.5 米、至屋脊高 9.6 米。在房屋重新建设的同时，当事人又将房屋北侧的一层房屋的东侧墙体、北侧墙体及屋顶拆除后进行重新建设，重新建设的房屋为一层砖混结构，占地面积为13.51平方米。

【处理意见】本案处理中，存在以下两种不同意见：

第一种意见认为，徐某只是对房屋进行了加固，屋面没有动，外立面的墙体只是修缮，不能算是重新建设；二是关于13.51平方米重新建设行为，其只是把瓦片屋顶改掉，不能算是重新建设，只是加固装修。

第二种意见认为，徐某的行为已经构成擅自建设房屋，应当按照未经风景名胜区管理机构审核在风景名胜区内从事禁止范围以外建设活动的违法行为给予行政处罚。

风景名胜区管委会采纳了第二种意见。

【案件评析】第二种意见是正确的。

一是根据执法人员拍摄的现场照片、当事人调查询问笔录证明，涉案的主房部分外墙、内墙是拆除后新建而成的，涉案的北侧房屋屋顶及部分外墙是拆除后新建而成的；二是根据集体土地使用证宗地附图复印件、某区农村宅基地使用权审查意见表复印件、案发地点的航测图复印件与现场勘查笔录中的勘查简图对比证明，涉案的主房与原合法确权房屋存在房屋面积、楼层不一致的情况；三是当事人擅自对房屋的外立面进行重新建设的行为，违反了《风景名胜区条例》第二十八条第一款"在风景名胜区内从事本条例第二十六条、第二十七条禁止范围以外的建设活动，应当经风景名胜区管理机构审核后，依照有关法律、法规的规定办理审批手续"的规定，属未经风景名胜区管理机构审核在风景名胜区内从事禁止范围以外建设活动的行为，应根据《风景名胜区条例》第四十一条"违反本条例的规定，在风景名胜区内从事禁止范围以外的建设活动，未经风景名胜区管理机构审核的，由风景名胜区管理机构责令停止建设、限期拆除，对个人处2万元以上5万元以下的罚款，对单位处20万元以上50万元以下的罚款"的规定予以行政处罚。"

【观点概括】违反风景名胜区管理法规，未经风景名胜区管理机构审核同意,在风景名胜区内从事禁止范围以外的建设活动,构成违法行为。

**【特别说明】**《国家林业和草原局办公室关于做好林草行政执法与生态环境保护综合行政执法衔接的通知》(办发字〔2020〕26号)规定,林业和草原主管部门(含有关自然保护地管理机构)纳入生态环境保护综合行政执法的事项为"对在自然保护地内进行非法开矿、修路、筑坝、建设造成生态破坏的行政处罚",具体包括:

(1)《风景名胜区条例》第四十条第一款第(一)项"在风景名胜区内进行开山、采石、开矿等破坏景观、植被、地形地貌的活动"中对"开矿"、第(二)项"在风景名胜区内修建储存爆炸性、易燃性、放射性、毒害性、腐蚀性物品的设施"、第(三)项"在核心景区内建设宾馆、招待所、培训中心、疗养院以及与风景名胜资源保护无关的其他建筑物"的行政处罚。

(2)《风景名胜区条例》第四十一条"未经风景名胜区管理机构审核,在风景名胜区内从事禁止范围以外的建设活动"的行政处罚。

(3)《风景名胜区条例》第四十六条"施工单位在施工过程中,对周围景物、水体、林草植被、野生动物资源和地形地貌造成破坏"中对属于"开矿、修路、筑坝、建设"的施工的行政处罚。

已确定由生态环境部门实施的执法事项,地方要制定移交方案,确定时间节点,并将移交事项面向社会公开,移交完成后林业和草原主管部门不再行使有关行政处罚权,也不再承担相应执法责任。

# 第十四章

# 其他林业和草原行政案件

# 第十四章
## 其他林业和草原行政案件

## 1 采伐林木的个人未按照规定完成更新造林任务应如何处理

**【基本案情】** 村民王某在 2010 年秋季办理了林木采伐许可证，将自己承包经营的 4.07 公顷林地上的林木全部采伐。按照林木采伐许可证上的规定，王某应当在 2011 年 5 月末前完成伐区造林，造林株数为 13000 株。但王某以苗木短缺为由未按照采伐证规定的株行距造林，2011 年秋季 4.07 公顷林地仅栽植苗木 3000 株。

**【处理意见】** 本案处理中，存在三种不同意见：

第一种意见认为，王某在其承包经营的林地上栽植树木，享有对该林地的使用权和管理权，林业部门只能指导其造林业务，不能硬性强迫。

第二种意见认为，王某于 2011 年秋造林且未达到规定标准，但由于林业部门刚验收检查完毕，应当按照《森林法实施条例》第四十二条规定，责令限期完成造林任务，逾期再未完成，才可以处应完成而未完成造林任务所需费用 2 倍以下的罚款。

第三种意见认为，王某未能按照林木采伐许可证的规定完成造林作业，应该按照《森林法》《森林法实施条例》的规定作出行政处罚。

林业局采纳了第三种意见。

**【案件评析】** 第三种意见是正确的。

原《森林法》第三十五条规定，"采伐林木的单位或者个人，必须按照采伐许可证规定的面积、株数、树种、期限完成更新造林任务，更新造林的面积和株数不得少于采伐的面积和株数。"原《森林法》第四十五条规定，"采伐林木的单位或者个人没有按照规定完成更新造林任务的，发放采伐许可证的部门有权不再发给采伐许可证，直到完成更新造林任务为止；情节严重的，可以由林业主管部门处以罚款,对直接责任人员由所在单位或者上级主管机关给予行政处分。"《森林法实施条例》第四十二条规定,"有下列情形之一的,由县级以上人民政府林业主管部门责令限期完成造林任务;逾期未完成的,可以处应完成而未完成造林任务所需费用2倍以下的罚款;对直接负责的主管人员和其他直接责任人员,依法给予行政处分:(一)连续两年未完成更新造林任务的;(二)当年更新造林面积未达到应更新造林面积50%的;(三)除国家特别规定的干旱、半干旱地区外,更新造林当年成活率未达到85%的;(四)植树造林责任单位未按照所在地县级人民政府的要求按时完成造林任务的。"王某虽然合法拥有对其承包林地的经营管理权,可以自主选择苗木组织实施造林作业,但由于王某是林木采伐许可证的申请人,依据原《森林法》第三十五条规定应当依法完成更新造林任务,王某不仅超出采伐许可证规定的时限造林,在栽植规格和数量上也与采伐许可证规定存在较大差异,已经违反了法律规定,侵犯了国家森林资源保护管理制度,符合《森林法》第四十五条中情节严重的规定,可以由林业主管部门处以罚款。

【观点概括】采伐林木的组织和个人应当按照有关规定完成更新造林。更新造林的面积不得少于采伐的面积,更新造林应当达到相关技术规程规定的标准。

【特别说明】2020年7月1日施行的新《森林法》第七十九条规定,"违反本法规定,未完成更新造林任务的,由县级以上人民政府林业主管部门责令限期完成;逾期未完成的,可以处未完成造林任务所需费用二倍以下的罚款。"该条是在原《森林法》第四十五条的基础上修改而来的,一是删除了"发放采伐许可证的部门有权不再发给采伐许可证,直到完成更新造林任务为止"的规定;二是明确了处以罚款的情形和罚款数额的确定标准,将"情节严重的,可以由林业主管部门处以罚款"改为"逾期未完成的,可以处未完成造林任务所需费用二倍以下的罚款"。这里有三点需要注意:一是执法机关不是在发现当事人未完成更新造林任务的当时就作出罚款的行政处罚,而是在发现当事人未完成更新造林任务,责令其限期完成后,当事人在执法机关要求的期限内仍然未能完成更新造林任务的,才可以作出罚款的行政处罚;二是执法机关对于逾期未能完成更新造林任务的当事人,根据情节轻重,可以处以罚款,也可以不处以罚款;三是执法机关处以罚款的上限是未完成造林任务所需费用的二倍以下,而不是整个更新造林任务所需的费用的2倍以下。

# 第十五章

# 行政复议、行政诉讼案件

# 第十五章
## 行政复议、行政诉讼案件

## 1 不符合林业行政处罚立案要求的案件应如何处理

**【基本案情】** 2018年3月5日,某市园林绿化局收到吴某的举报信,内容为:"吴某在被举报人某服装有限公司的天猫网店购买了一件价值2.98万元的衣服,该衣服使用紫貂制作,但衣服上没有专用标识且被举报人无紫貂合法来源凭证。衣服生产厂家的某服装有限公司也出具不了生产厂家的加工许可,该被举报人非法出售、购买、利用、运输、携带、寄递国家一级野生动物制品,请查处该违法行为,对举报人进行奖励。"后市园林绿化局将举报信转市森林公安局。5月21日,市森林公安局向市园林绿化局作出《关于对吴某举报某服装有限公司非法出售野生动物制品调查情况的函》(×森公函〔2018〕32号),称:经鉴定,涉案物品非紫貂制品,不属于国家保护动物制品。5月22日,市园林绿化局作出《关于对吴某举报线索办理结果的告知书》(以下简称《告知书》),告知了吴某其接到举报后的处置过程、公安部门的鉴定处置情况,以及不予立案处理的结果。

吴某对市园林绿化局作出的《告知书》不服,认为市园林绿化局对其举报内容未依法进行查处,故向市人民政府申请行政复议,请求撤销市园林绿化局作出的《告知书》,并责令其重新处理。

**【处理意见】** 市人民政府审理后认为,市园林绿化局对吴某的举报履行了调查处理职责,举报内容也不符合林业行政处罚案件的立案条件,故市园林绿化局作出的《告知书》无不妥之处,予以维持。

**【案件评析】** 根据《野生动物保护法》第四十八条第一款规定:"违反本法第二十七条第一款和第二款、第二十八条第一款、第三十三条第一款规定,未经批准、未取得或者未按照规定使用专用标识,或者未持有、未附有人工繁育许可证、批准文件的副本或者专用标识出售、购买、利用、运输、携带、寄递国家重点保护野生动物及其制品或者本法第二十八条第二款规定的野生动物及其制品的,由县级以上人民政府野生动物保护主管部门或者市场监督管理部门按照职责分工没收野生动物及其制品和违法所得,并处野生动物及其制品价值二倍以上十倍以下的罚款;情节严重的,吊销人工繁育许可证、撤销批准文件、收回专用标识;构成犯罪的,依法追究刑事责任",市园林绿化局作为本市的市级野生动物行政主管部门,具有对吴某提出的举报事项进行调查处理的法定职责。

《林业行政处罚程序规定》第二十四条第二款规定:"立案必须符合下列条件:(一)有违法行为发生;(二)违法行为是应受处罚的行为;(三)属于本机关管辖;(四)属于一般程序适用范围。"本案中,市园林绿化局收到吴某的举报材料后,因紫貂属于国家一级保护野生动物制品,对其进行出售的行为,涉嫌刑事犯罪,故将举报材料转交公安机关办理,但依据公安机关出具的函件内容,涉案紫貂大衣不是紫貂制品,不存在商家向吴某非法出售国家一级保护动物制品的行为,也不需要使用专用标识。为此,吴某的举报事项,不满足上述规定的立案条件,市园林绿化局依此向吴某作出的《告知书》,正确合法。

【观点概括】各级林业主管部门在查处林业违法行为时,要遵守《林业行政处罚程序规定》第二十四条第二款规定,只有符合立案条件的才能进入立案程序对违法行为进行进一步查处。

## ② 同一林地经处罚程序后符合条件的是否可以办理占用林地审批

【基本案情】申某等7人是某市某区某村村民,在原村集体土地上享有土地承包经营权证书及林地股权收益。2009年6月15日,某市某区城乡建设委员会发布拆迁公告并由某市某区采空棚户区改造建设中心（以下简称中心）实施拆迁。中心于2009—2010年间，在未办理征占用林地许可的情况下占用林地，该区园林绿化局对其行为进行了行政处罚。后中心于2012年5月9日，就涉案地块向市园林绿化局补办了编号为38号的《使用林地审核同意书》（以下简称38号行政许可）。

2018年5月，申某等人通过向市园林绿化局申请公开政府信息，获得38号行政许可，认为该许可违法，侵犯了其林地股权收益，理由：中心在未取得审批情况下占用涉案林地已构成违法，并经过区园林绿化局行政处罚，市园林绿化局不应给中心补办38号行政许可，故申某等人于2018年10月将市园林绿化局起诉至法院，请求确认38号行政许可违法。

【处理意见】法院审理后认为，《行政诉讼法》第四十六条规定："公民、法人或者其他组织直接向人民法院提起诉讼的，应当自知道或者应当知道作出行政行为之日起六个月内提出。法律另有规定的除外。因不动产提起诉讼的案件自行政行为作出之日起超过二十年，其他案件自行政行为作出之日起超过五年提起诉讼的，人民法院不予受理。"《最高人民法院关于适用<中华人民共和国行政诉讼法>的解释》第六十五条规定："公民、法人或者其他组织不知道行政机关作出的行政行为内容的，其起诉期限从知道或者应当知道该行政行为内容之日起计算，但最长不得超过行政诉讼法第四十六条第二款规定的起诉期限"。本案中，申某等人要求确认38号行政许可违法，该许可作出时间为2012年5月9日，按照上述规定（非不动产案件最长5年起诉期），申某等人至迟应当于2017年5月9日就该行政许可提起行政诉讼。申某等人于2018年10月向法院提起本案之诉，明显已超过法定起诉期限，故法院裁定驳回了原告的起诉。

【案件评析】本案因申某等人提出的起诉超出法定期限，法院驳回起诉未对案件实体内容进行审理，但案件中围绕使用林地行政许可体现出的问题，具有一定的典型性。本案中，市园林绿化局在区园林绿化局对中心进行行政处罚后，根据中心的申请向其发送了38号行政许可，符合《国家林业局关于涉嫌犯罪的非法占用林地项目办理征占用林地审核审批手续有关问题的通知》（林资发〔2007〕30号）[①]"对已经依法处罚的非法占用林地项目，建设单位申请办理征占用林地审核审批手续的，应要求其在申请材料中提供对非法占用林地行为依法处罚办结的情况说明并附相关证明材料"之规定，不存在许可违法。

【观点概括】当事人因未办理使用林地许可被处罚后，就同一地块申请使用林地行政许可，对于符合审批条件的，林业行政主管部门应予批准。

## 3 为防止野猪啃食安装猎夹被处罚提出行政复议如何处理

【基本案情】2018年9月，违法行为人廖某某为防止野猪啃食其农田玉米，于是购买猎夹并安装在玉米地周边的小路上，村民李某路过时脚被夹伤住院治疗，林业局依据《野生动物保护法》对其进行行政处罚。2019年2月，廖某某向州林业局提出行政复议申请。

【处理意见】本案处理中，关于行政违法主体有三种不同意见：

第一种意见认为，村民为了防止野猪啃食玉米，是一种正常正当的农事行为，林业局不应对廖某某进行处罚，复议机关应当撤销处罚决定。

第二种意见认为，廖某某涉嫌构成非法狩猎罪，复议机关应当

---

① 该通知被《国家林业局关于废止部分规范性文件的通知》（林策发〔2016〕54号）废止。

撤销处罚决定。

第三种意见认为，廖某某安装猎夹事出有因，但是依然构成违法行为，林业局程序合法，证据充实，复议机关应当作出维持决定。

复议机关采纳了第三种意见，复议机关应当作出维持决定。后在复议机关作出处理决定期间，复议申请人申请撤回复议申请，复议案件终结。

【案件评析】《野生动物保护法》第四十六条规定："违反本法第二十条、第二十二条、第二十三条第一款、第二十四条第一款规定，在相关自然保护区域、禁猎(渔)区、禁猎(渔)期猎捕非国家重点保护野生动物，未取得狩猎证、未按照狩猎证规定猎捕非国家重点保护野生动物，或者使用禁用的工具、方法猎捕非国家重点保护野生动物的，由县级以上地方人民政府野生动物保护主管部门或者有关保护区域管理机构按照职责分工没收猎获物、猎捕工具和违法所得，吊销狩猎证，并处猎获物价值一倍以上五倍以下的罚款；没有猎获物的，并处二千元以上一万元以下的罚款；构成犯罪的，依法追究刑事责任。"廖某某行为违法，但不够刑事立案标准，应当对其违法行为作出行政处罚。

【观点概括】廖某某安装猎夹违反《野生动物保护法》，猎夹属于《野生动物保护法》的禁猎工具，行为时州县人民政府没有发布相应的禁猎公告，未明确禁猎区和禁猎期，不构成非法狩猎罪。其为了保护庄稼遭受损失的主观想法和其遭受损失的客观事实，只能作为处罚时相应的情节予以考虑，林业局事实清楚，证据充分，程序合法，复议机关应当维持其决定。

## 4 人民法院对林业主管部门申请强制执行的案件如何处理

**【基本案情】**2018年2月27日,某县某村村民柴某到该县森林公安局治安中队口头报案,称该县某石料厂在该村改道新修公路,公路覆盖了他家所种苦楝子树和占用了土地,新开挖的路面同时还占用着其他人家的荒地,请森林公安局派人调查处理。接警后,该县森林公安局立即指派民警前往调查处理。经调查查明,2012年3月26日,该石料厂的法人代表卿某以360万元整的价格将本厂全部产权连同附属物有偿转让给了同县某水泥粉磨有限公司,并与其法人代表宋某签订了转让协议。协议明确约定:自签订协议之日起,该县该石料厂所有经营、管理方面事务由该县该水泥粉磨有限公司全权经营、管理,与原法人代表卿某无关,但由于过户手续未能及时办理,法律手续一直延用原石料厂所有手续,卿某有义务协助过户手续的办理。该水泥粉磨有限公司收购该石料厂后,法人代表宋某又将公司全权委托给其父亲宋父经营管理,宋某本人对公司业务概不清楚。2017年9月,该水泥粉磨有限公司在拓展石料厂业务中,在未审批取得林地征(占)用手续的情况下,修建两村的连接公路的某路段擅自占用了部分林地。经鉴定:被占用林地为灌木林地,面积为0.2407公顷(2407平方米),按林种划分为防护林,该水泥粉磨有限公司已构成擅自改变林地用途的违法行为。

**【处理意见】**该县森林公安局于2018年2月27日立案调查,该水泥粉磨有限公司在未经审批取得林地征(占)用手续的情况下,在修建两村的连接公路的路段中擅自占用了部分林地,其行为违反了《森林法实施条例》第十六条之规定,属擅自改变林地用途违法行为;根据《森林法实施条例》第四十三条第一款和《某省林业行政处罚自由裁量权实施标准》之规定,拟对该水泥粉磨有限公司给予如下处罚：①限该水泥粉磨有限公司于2018年11月30日前将擅自改变用途的林地恢复原状；②对该水泥粉磨有限公司并处擅自改变用途林地面积每平方米25元的罚款，2407平方米共计罚款60175元。

2018年6月22日，该县森林公安局依法将《林业行政处罚决定书》（某森公（治）林罚决字〔2018〕第0023号）送达被处罚单位。该水泥粉磨有限公司因不服该林业行政处罚，向县人民政府申请行政复议，县人民政府于2018年8月27日以《某县人民政府行政复议决定书》（某政行复决定〔2018〕3号）作出行政复议决定，维持该林业行政处罚。该水泥粉磨有限公司不服该县人民政府作出的行政复议决定，于2018年9月10日向该县人民法院提起诉讼，县人民法院于2018年12月21日以《行政裁定书》〔（2018）某2624行初6号〕作出准许原告该水泥粉磨有限公司撤回起诉的行政裁定。

自水泥粉磨有限公司于2018年6月22日收到县森林公安局2018年6月21日作出的《林业行政处罚决定书》（某森公（治）林罚决字〔2018〕第0023号）起，该水泥粉磨有限公司未在法定期限内履行该行政处罚决定。

根据原《行政强制法》第三十五条、第五十四条之规定，该县森林公安局于2019年1月7日、2019年1月21日，该县自然资源公安局于2019年3月12日，分别三次依法对违法单位该水泥粉磨有限公司进行了催告，但该水泥粉磨有限公司至今未履行《林业行政处罚决定书》（某森公（治）林罚决字〔2018〕第0023号）作出的行政处罚。

该公司既无正当理由又不履行法定义务，根据《行政处罚法》第五十一条第一款和《行政强制法》第四十五条之规定，每日按罚款数额的百分之三加处罚款，合计加处罚款共计60175元，经申请该县人民法院强制执行，具体处罚最终得以执行。

【案件评析】（1）办案程序合法，法律文书制作规范、齐全，上传归档及时、齐全。①该案所制作的法律文书,从接处警、受案、立案等环节,全部从涉林行政执法管理系统流转,整个办案程序规范合法。②全案所使用的法律文书全部归档上传且工整、清晰。

(2)询问材料制作规范,权利义务告知清楚,证据收集齐全,定性准确,调查及时,查证全面。①对违法行为人、证人所制作的笔录材料规范,笔录中涉及相对人的权利义务告知清楚。②证据收集齐全,调查及时,查证全面。

(3)网上流转及时,办案流程规范,系统文书生成齐全,案卷材料及时归档上传。①该案在每一个办案流程中,对所需要审批的事项均严格按照规定严格审批并制作报告书。②该案办案民警在办理案件过程中,专心细致、认真负责,严格按规定归档上传案卷材料。

【观点概括】当事人在法定期限内不履行行政决定的,没有行政强制执行权的行政机关可以依法申请人民法院强制执行。人民法院受理行政机关申请执行其行政决定的案件后,应当在七日内由行政审判庭对行政行为的合法性进行审查,行政决定认定事实清楚,程序合法,适用法律正确的,人民法院作出准予执行的裁定。

【特别说明】2021年7月15日施行的新《行政处罚法》第四十七条规定,行政机关应当依法以文字、音像等形式,对行政处罚的启动、调查取证、审核、决定、送达、执行等进行全过程记录,归档保存。

## 5 人民法院对当事人提起诉讼的擅自改变林地案件如何审查

【基本案情】李某为从事农家乐经营,在未经林业主管部门批准的情况下,于2006年擅自在本人持有林权证的林地上,开挖平整地基建盖了4间木制房屋。2007—2008年期间,为了扩大经营规模,又擅自对之前建盖的房屋进行改建和扩建。2013年7月,李某经工商部门批准注册成立了某有限公司。2016年9月9日,李某以房屋陈旧漏水为由,向某自然保护区管理局提交拆除旧房改建新房的申请。2016年9月18日,某自然保护区管理局工作人员在申请书上签署"经局务会讨论,同意在原址上进行改建"的意见。2016年9月29日,申请人在未到林业主管部门办理占用林地审批手续的情况下,把原建的房屋拆除,修筑挡土墙对地基进行加固后,建盖了一栋二层钢架结构的楼房,用于餐饮、住宿等经营活动,直至2017年6月27日案发。经林业技术鉴定,涉案林地面积1.6亩(1066平方米),权属为国有林,无林木损失。

**【处理意见】** 2017年8月15日,该地州森林公安局对当事人擅自改变林地用途的行为,依据《森林法实施条例》第四十三条第一款规定,作出了限期3月内拆除林地上建筑物,恢复原状,并处罚款10660元的处罚决定。

当事人对行政机关的上述处罚决定不服,向某某市人民法院提起行政诉讼,理由:①作出处罚决定的行政机关执法主体错误;②适用法律错误,当事人的行为发生在某某江流域,应当优先适用《某某州某某江保护条例》;③2016年扩建房屋时的申请书已经某某自然保护区管理局批准,不构成违法;④行政机关事先未采取听证程序和事先未征得原告同意,处罚程序违法;⑤已过2年行政处罚追诉期限。

经一审人民法院公开开庭审理,对案件事实、证据、程序、适用法律、执法主体、追溯时效等问题进行法庭调查、质证、辩论等程序后,法庭认为行政机关作出的行政处罚决定事实清楚、证据确凿、程序合法、适用法律正确。原告的诉讼理由不能成立,驳回原告的诉讼请求。

原告对一审人民法院的判决不服,以同样理由向二审人民法院提出上诉,经二审人民法院公开开庭审理认为,原判认定事实清楚，适用法律正确，审判程序合法。上诉人的上诉请求无事实及法律依据，依法驳回上诉，维持原判。

上诉人对二审人民法院的判决不服，向省高级人民法院申请再审，并提出如下再审理由：①原判不认可申请书的证据效力，导致认定事实不清。其发展农家乐旅游项目已经得到政府支持，依法取得营业执照，经营行为合法；②原判适用法律、法规错误且足以影响公正裁判。③被申请人2013年就取得处罚主体资格，直到2017年6月27日才发现其违法行为，已超过2年的处罚追诉时效。

省高院审理认为，该公司一、二审期间提交的申请书、营业执照、某政府《关于设立某某渡口的批复》等证据材料无法证明其改变林地用途已经县级以上人民政府林业主管部门审核同意。行政机关调查取证认定其构成擅自改变林地用途并予以处罚，认定的事实清楚，适用法律正确，程序合法。该公司擅自改变林地用途，在未恢复原状之前，应视为具有继续状态，其行政处罚的追诉时效应从违法行为终了之日起计算。行政机关2017年8月15日作出处罚决定时，该公司仍未恢复原状，故其主张该处罚决定超过行政处罚追诉时效于法无据，法院不予支持。依照《最高人民法院关于适用<中华人民共和国行政诉讼法>的解释》第一百一十六条第二款规定，裁定如下："驳回某某公司的再审申请"。

【案件评析】该案原被告双方在法庭上争论的焦点：

第一，适用法律是否正确。原告认为，其行为发生在某某江流域，应当优先适用《某某州某某江保护条例》，依据该条例规定原告的行为不违法；被告则认为，自治州制定的单行条例其法律效力要比上位法低，只有根据当地民族特点在不违背法律或者行政法规基本原则的前提下，对上位法作出变通规定的部分，才可以考虑优先适用。《某某州某某江保护条例》没有对森林法有关林地保护管理的条款作出变通规定，是基于上位法有明确规定的违法行为，下位法不重复规定的原则。《某某州某某江保护条例》没有规定的违法行为，上位法有明确规定的，应当依照上位法的规定处罚。所以，被告对擅自改变林地用途行为，依照《森林法实施条例》作出的行政处罚决定适用法律正确。

第二，扩建房屋申请书是否合法有效。原告认为，自然保护区管理局工作人员在申请书上签字同意改建房屋，该申请书合法效力，其行为不违法。被告则认为，根据原《森林法》第十八条、《森林法实施条例》第十六条规定，占用或者征用林地必须经县级以上人民政府林业主管部门审核同意后，领取使用林地审核同意书，凭使用林地审核同意书，依法办理建设用地审批手续。某某自然保护区管理局属于事业单位，不是县级以上人民政府林业主管部门，不是法定的使用林地审核职能部门，其作出的意见或者决定没有法律效力。加之该审批意见只有相关工作人员签字没有加盖公章，只能视为是个人行为，不能认定是单位行为。因此，不具有法律效力。

第三，行政处罚是否已过二年行政处罚追诉期。原告认为，其建房行为最初发生于2006年，在此期间相关部门工作人员每年都到该地巡山、吃饭、开会，没有人对原告说违法也没有人制止。直到2017年6月被告才通知违法并作出处罚，该处罚决定已过二年行政处罚追诉期。被告则认为，原告人从2006年开始就擅自在林地上实施了建盖房屋等基础设施用于餐饮经营活动。此后又于2007—2008年期间，擅自对之前建盖的房屋进行改建和扩建。2016年9月在未经县级以上林业行政主管部门审核同意的情况下，又进一步扩大建设规模，在原有房屋基础上进行改扩建。期间，林地上建盖的房屋等设施一直用于餐饮、住宿等经营活动，直至2017年6月27日案发也没有将非法占用的林地恢复原状，其行为应当视为具有继续状态。

依据《最高人民法院行政审判庭关于如何计算土地违法行为追诉时效的答复》(法行字〔1997〕第26号)答复："对非法占用土地的违法行为，在未恢复原状之前，应视为具有继续状态，其行政处罚的追诉时效,应根据行政处罚法第二十九条第二款的规定,从违法行为终了之日起计算。"因此,其违法行为不存在超过2年追诉期限问题。

【观点概括】上位法有明确规定的违法行为,应当依照上位法的规定处罚。建设活动确需占用林地的,应当经县级以上人民政府林业主管部门审核同意。非法占用林地的违法行为,在未恢复原状之前,应视为具有继续状态。

【特别说明】《行政诉讼法》第六十九条规定,行政行为证据确凿,适用法律、法规正确,符合法定程序的,人民法院判决驳回原告的诉讼请求。

## 6 设施农用地占用林地是否应当给予行政处罚

【基本案情】李某某于1995年11月通过"四荒"转让取得了107.48亩集体荒山土地使用权,并于1998年6月办理了开发农业用地土地使用证,后李某某将此土地交由其侄子彭某。彭某作为某蔬菜专业合作社法定代表人,于2016年2月办理了面积为5亩的设施农用地审批手续,后在未办理林地征占用合法手续的情况下,彭某为了经营管理该蔬菜专业合作社在先前批准的设施农用地范围外(开发农业用地土地使用证范围内)修建进场便道路、水池、化粪池,共占用林地总面积1928.965平方米,其中:占用公益林面积1300.498平方米,占用商品林面积628.467平方米。

【处理意见】对合作社行政处罚有两种意见:

第一种意见认为,该蔬菜专业合作社法定代表人彭某在未办理林地征占用合法手续的情况下,在批准的设施农用地范围外(开发农业用地土地使用证范围内)修建进场便道路、水池、化粪池的行为违反了《森林法实施条例》第十六条的规定,属于擅自改变林地用途的违法行为,应依据《森林法实施条例》第四十三条第一款及《某省林业行政处罚自由裁量权实施标准》给予林业行政处罚。

第二种意见认为,李某某办理了《开发农业用地土地使用证》和办理了面积为5亩的设施农用地审批手续,按照国土资源部、农业部《关于促进规模化畜禽养殖有关用地政策的通知》(国土资法〔2007〕220号)和国土资源部、农业部《关于进一步支持设施农业健康发展的通知》(国土资法〔2014〕127号)文件中"设施农业用地按农用地管理,生产设施、附属设施和配套设施用地直接用于或者服务于农业生产,其性质属于农用地,按农用地管理,不需办理农用地转用审批手续""规模化畜禽养殖的附属设施用地规模原则上控制在项目用地规模7%以内"的相关政策规定,李某某办理的《开发农业用地土地使用证》,面积为107.48亩,按7%计算合7.5236亩,合作社养猪场的附属设施用地面积没有超出此面积,应视为合法,因此,不应对该蔬菜专业合作社按擅自改变林地用途的违法行为给予行政处罚。

【案件评析】第一种意见是正确的。

处罚告知书送达后,被处罚单位该蔬菜专业合作社以行政处罚适用法律错误、认定事实错误、定性错误为由提出听证申请,经依法组织听证后,对在认定事实方面被处罚单位的法定代表人彭某及委托的律师提出:化粪池是在原修建的猪舍位置上修建的合理部分,听证会后经进一步调查证实其处罚面积给予了扣除,其余进场道路、水池部分仍按擅自改变林地用途依法给予行政处罚。

在第二次处罚告知书送达后,被处罚对象仍然认为行政处罚在适用法律、认定事实、定性上错误为由,依法向该市人民政府行政复议委员会提出复议申请。经复议后,依法作出了维持行政处罚的决定。

复议决定送达后,被处罚单位仍然认为对其作出的行政处罚决定及复议决定错误,依法向人民法院提起行政诉讼,请求撤销复议决定及林业行政处罚决定。人民法院在公开开庭审理了此案后,依法作出了:驳回原告某蔬菜专业合作社的诉讼请求的判决。

人民法院的判决下达后,被处罚单位履行了处罚决定。

**【观点概括】** 根据国土资源部、农业部《关于完善设施农用地管理有关问题的通知》(国土资发〔2010〕155号)和国土资源部、农业部《关于进一步支持设施农业健康发展的通知》(国土资发〔2014〕127号)等文件要求,所谓设施农用地包括生产设施用地和附属设施用地,是指在农业项目区域内直接用于农产品生产或者直接辅助农产品生产的设施用地。以上文件主要针对农用地中的耕地和基本农田而言,是指在生产过程中可以占用少量耕地和有条件使用永久基本农田用于农业生产,并未对林地作出明确规定。在未明确是否可以直接占用林地发展设施农业之前,不宜对其内容进行扩大解释。

**【特别说明】** 2019年12月,国家林业和草原局办公室印发《关于生猪养殖使用林地有关问题的通知》(办资字〔2019〕163号),明确了生猪养殖使用林地支持政策,提出生猪养殖使用除宜林地以外其他林地,改变林地用途的,进一步简化使用林地审核手续,切实保障林地定额,省级林草主管部门可委托县级林草主管部门办理生猪养殖使用林地手续。